L'ART
DE
VOILER LES EMBARCATIONS,

SUIVI D'UN

AIDE-MÉMOIRE DE VOILERIE.

OUVRAGE
offrant des renseignements utiles aux jeunes Marins, ainsi qu'aux Constructeurs et Propriétaires de canots de plaisance ou de servitude;

PAR B. CONSOLIN,
Auteur du *Manuel du Voilier*, Professeur du Cours de Voilerie à Brest.

PARIS,
GAUTHIER-VILLARS, IMPRIMEUR-LIBRAIRE
DU BUREAU DES LONGITUDES, DE L'ÉCOLE IMPÉRIALE POLYTECHNIQUE,
SUCCESSEUR DE MALLET-BACHELIER,
Quai des Grands-Augustins, 55.

1866

L'ART
DE
VOILER LES EMBARCATIONS,

SUIVI D'UN

AIDE-MÉMOIRE DE VOILERIE.

LIBRAIRIE DE GAUTHIER-VILLARS.

OUVRAGES DU MÊME AUTEUR.

MANUEL DU VOILIER, revu et publié par ordre de S. Exc. M. l'Amiral *Hamelin*, Ministre de la Marine; ouvrage approuvé pour l'instruction des élèves de l'École Navale et pour celle des Voiliers des Arsenaux. Grand in-8 sur jésus, de 528 pages et 11 planches; 1859.......................... 12 fr.

MÉTHODE PRATIQUE DE LA COUPE DES VOILES DES NAVIRES ET EMBARCATIONS, suivie de **Tables graphiques** facilitant les diverses opérations de la coupe, avec ou sans calcul, ouvrage offrant aux Capitaines des renseignements utiles à la mer. In-12, avec 3 pl.; 1863...... 3 fr.

PARIS. — IMPRIMERIE DE GAUTHIER-VILLARS,
rue de Seine-Saint-Germain, 10, près l'Institut.

L'ART

DE

VOILER LES EMBARCATIONS,

SUIVI D'UN

AIDE-MÉMOIRE DE VOILERIE.

OUVRAGE

offrant des renseignements utiles aux jeunes Marins, ainsi qu'aux Constructeurs et Propriétaires de canots de plaisance ou de servitude;

PAR B. CONSOLIN,

Auteur du *Manuel du Voilier*, Professeur du Cours de Voilerie à Brest

PARIS,

GAUTHIER-VILLARS, IMPRIMEUR-LIBRAIRE

DU BUREAU DES LONGITUDES, DE L'ÉCOLE IMPÉRIALE POLYTECHNIQUE,

SUCCESSEUR DE MALLET-BACHELIER,

Quai des Grands-Augustins, 55.

1866

INTRODUCTION.

Montrer comment on détermine une surface de voilure quelconque, qui soit en rapport avec la forme d'une embarcation et qui remplisse les conditions nécessaires à sa stabilité, tel est le but que nous nous proposons d'atteindre. Nous espérons que notre travail sera apprécié par les Marins, surtout par les jeunes Officiers qu'un goût naturel ou l'ordre du service appelle à s'occuper des embarcations. Genres divers de voilures, formes à choisir suivant l'espèce de l'embarcation ou le service auquel celle-ci est affectée, voilures de fantaisie, tracé des plans à l'aide des rapports de mâture, tout est réuni dans ce petit Traité.

Nous donnons à la fin de l'Ouvrage, sous le titre d'*Aide-Mémoire*, des explications plus étendues pour ceux qu'un mot technique inconnu pourrait arrêter; bien des Marins y trouveront d'ailleurs d'utiles renseignements.

Une planche gravée facilite l'intelligence du texte : elle donne les dessins de divers genres de voilures employés pour les embarcations, et ces dessins sont disposés de telle sorte, qu'on pourra les reproduire facilement à telle échelle qui conviendra. Ces voilures sont en outre présentées sous l'effet du vent, ce qui permet de juger à l'avance les formes qu'on obtient en se servant des diverses confections indiquées sur la Planche, et dont plusieurs sont encore si peu répandues en France (1).

Le centre d'effort de chaque voile y est repré-

---

(1) Il ne suffit pas d'exposer au vent une voilure exactement en rapport avec la stabilité d'une embarcation, si les voiles se déforment sous l'action du vent, c'est-à-dire si elles affectent une courbure intérieure aux dépens de leurs côtés, qui de droits d'abord deviennent concaves après peu d'usage. Cette déformation des surfaces exposées à la brise amène un sac, dans lequel se fixe le vent qui ne trouve pas d'issue immédiate pour fuir; il s'établit ainsi dans la voile un trop-plein qui déborde par où il peut, comme le ferait un liquide se répandant autour d'un vase dans lequel on le verserait sans fin. C'est de là que naît incontestablement la résistance qu'éprouve dans sa marche un canot qui navigue *au plus près,* et c'est ce qui le porte davantage à la dérive. Mais si, par contre, le vent n'est pas arrêté dans la voile, c'est-à-dire si les laizes voisines de la *chute arrière* restent planes et flexibles sous la pression du fluide, nulle résistance ne s'opposera à ce que l'embarcation prenne le maximum de vitesse dont elle est susceptible. Tel est le raisonnement pratique à l'aide duquel nous désirons être compris.

Il y a des voiles qui doivent affecter une forme *sphérique,* ce sont les *focs;* d'autres une forme plane, ce sont les voiles *auriques* ou *quadrangulaires;* mais, en somme, les deux espèces sont à *bords courbes.* Ces courbures extérieures, nécessaires au gonflement de la voile, se redressent sous l'effort du vent, mais

senté comme pouvant varier suivant les dimensions de la coque du canot qui, dans nos exemples, ne sont pas déterminées.

Le caractère essentiellement pratique de cet Ouvrage nous fait espérer qu'il obtiendra le succès que notre dernière publication a obtenu, et afin qu'on puisse le réunir à la *Méthode pratique de la coupe des voiles*, nous l'avons fait imprimer dans le même format.

B. C.

---

n'arquent jamais, comme le font les voiles planes à côtés droits et surtout inclinés à l'horizon.

La flexibilité de la chute arrière, obtenue par une confection habile, permet au vent de fuir, avec d'autant plus de vitesse que sa pression contre la voile est plus considérable; de sorte que l'embarcation ne court point autant le danger de sombrer sous sa charge qu'avec des voiles *inflexibles*, opposant au vent une barrière infranchissable.

Nous prions les personnes intéressées dans la question de vouloir bien examiner si, pour les embarcations de servitude naviguant sur nos côtes, les accidents qui leur arrivent ne sont pas dus plutôt au vice de l'ancienne confection des voiles qu'au manque de savoir des hommes qui les manœuvrent.

Enfin, si les constructeurs ou propriétaires d'embarcations, excités par le désir naturel de voir leurs canots obtenir une marche supérieure, voulaient faire usage de la méthode de coupe, que nous avons indiquée dans l'ouvrage publié en 1863 sous le titre de *Méthode pratique de la coupe des voiles*, on verrait bientôt se généraliser le perfectionnement si désirable de la voilure des embarcations.

L'ART

DE

VOILER LES EMBARCATIONS.

CHAPITRE PREMIER.

RÈGLES GÉNÉRALES A SUIVRE POUR FIXER LA MATURE ET LA VOILURE D'UNE EMBARCATION.

L'*étendue* d'une voilure doit être proportionnée à sa stabilité. La *position de son centre* doit rendre le canot marin et bien gouvernant. Par son *ensemble* et son *aspect*, c'est-à-dire par ce qui constitue le genre auquel elle appartient, elle doit autant que possible se ranger dans l'une des catégories principales que l'usage a fait adopter, et que nous définirons plus loin. La *forme de chaque voile* doit être favorable à la marche. La réunion de toutes les voiles doit former un ensemble gracieux et approprié au service de l'embarcation. Enfin, chaque voile en particulier doit être *bien faite*, c'est-à-dire bien coupée, bien confectionnée, capable d'un long service (1) et propre à

(1) Il conviendrait d'adopter les laizes ne dépassant pas la largeur de $0^{m},315$ à $0^{m},320$, afin de pouvoir donner aux voiles de canots une façon convenable et de leur assurer une longue durée. La fabrique de Landerneau (Finistère) façonne les toiles pour embarcations de $0^{m},32$ de largeur.

bien orienter au plus près du vent. Ce sont là autant de points distincts à envisager séparément.

SURFACE DE VOILURE.

L'étendue de la surface totale doit être en rapport avec la stabilité. Celle-ci dépend de la *forme*, du *poids* et du *chargement* de l'embarcation.

Pour mettre la surface de voilure en rapport avec la stabilité de forme, on prend ordinairement pour unité le *rectangle circonscrit à la flottaison*, c'est-à-dire celui dont la longueur et la largeur seraient celles de la flottaison, mais non pas la *longueur totale* et la *largeur au plat bord*, car la stabilité de forme dépend de la carène, et non pas des œuvres mortes du canot. Ensuite, on cherche combien la voilure pourra renfermer de ces unités, en se guidant sur les considérations qui peuvent fixer ce point important.

Si donc, à la flottaison en charge, un canot mesure 9 mètres de long et 2 mètres de large, le rectangle qui a 9 mètres de long et 2 de hauteur, c'est-à-dire qui a 18 mètres carrés, sera l'unité de voilure de ce canot. S'il reçoit pour voilure une seule unité, c'est que la surface totale de ses voiles sera de 18 mètres carrés. S'il reçoit deux unités, sa voilure aura 36 mètres carrés; s'il en reçoit deux et demie, elle sera de 45 mètres carrés, et ainsi de suite.

Cela s'exprime en disant que, pour régler la surface de la voilure, on commence par déterminer le rectangle circonscrit à la flottaison, puis on multiplie ce rectangle par un facteur que des considérations accessoires servent à fixer, mais qui ne doit pas dépasser certaines limites.

Une embarcation très-grande, qui naviguerait toujours avec du lest, rentrerait par là même dans la catégorie des petits navires dont la voilure va quelquefois jusqu'à quatre et même cinq fois la surface du rectangle circonscrit; mais pour un canot ordinaire, *qui doit naviguer sans lest*, les limites sont 1 et 3; c'est-à-dire qu'on ne donnera jamais à la voilure une surface moindre que le rectangle circonscrit, ni plus grande que trois fois ce rectangle, sauf quelques exceptions que nous signalerons plus loin.

Il reste à développer les considérations qui doivent guider dans le choix du facteur; ce sont : la forme de l'embarcation, son poids, son chargement ordinaire, l'espèce de voilure adoptée, les parages où elle navigue, enfin le service habituel qu'elle devra faire.

Considération relative à la forme. — Pour bien apprécier la surface totale de voilure que la forme de l'embarcation doit faire adopter, il faut examiner séparément la carène, les hauts, et autres proportions relatives à la forme.

Carène. — Quand, proportionnellement à sa longueur, elle est large, quand elle est plate dans le fond et que sa forme se rapproche de celle d'un U, la carène est d'une *forme stable.*

Elle est *volage* quand elle est longue et étroite, quand le fond est rond ou qu'il a la forme d'un V.

Quand la fargue est droite, sans rentrée, ou même légèrement évasée, la *forme des hauts* est favorable à la stabilité; elle est défavorable dans le cas contraire. Mais, dans la partie haute de l'embarcation, ce qu'il importe le plus de remarquer, c'est l'élévation totale de la fargue au-dessus de l'eau. Dans un canot, l'influence de la hauteur de la fargue est précisément le contraire de ce qu'elle serait sur un bâtiment ponté. Là, en effet, des hauts relevés nuiraient à la stabilité, tandis que dans une petite embarcation ils l'assurent.

Longueur (1). — « Les grandes dimensions sont les plus propres à donner des résultats concluants, parce qu'elles ne comportent pas les petits défauts accidentels qui affectent les canots de faibles dimensions.

» En général, plus une embarcation se rapproche de la limite de 10^{m},50, plus elle est susceptible de rendre de services par la réunion des qualités qu'elle peut posséder. Au-dessous de 8 mètres, un canot est peu propre à tenir la mer par les gros temps, et il ne peut être rapide. Il y a donc avantage à avoir des embarcations aussi grandes que possible.

Largeur. — » Elle doit être les $\frac{25}{100}$ de la longueur pour bau d'un canot de 8 mètres (2) et au-dessus. Ce rapport me paraît suffisant pour avoir la stabilité nécessaire au canot, en combinant ce bau avec des formes convenables....

Tirant d'eau. — » La différence du tirant d'eau est nécessaire pour la navigation à la voile, et cette différence peut toujours être obtenue par la mobilité des poids de l'armement.

---

(1) Les passages guillemetés qui suivent sont extraits d'un travail de M. Montaignac de Chauvance, inséré dans les *Annales maritimes et coloniales* de 1842, p. 1012, 2e partie.

(2) En parlant des embarcations des navires de guerre.

Lignes d'eau. — » Elles doivent être le plus aiguës possible à l'entrée dans l'eau. Elles doivent être concaves, contrairement au préjugé établi, parce que cette forme favorise l'acuité, et qu'en outre les filets fluides ne reçoivent que successivement, et d'une manière égale et presque insensible, l'impulsion latérale qu'il est nécessaire de leur imprimer pour permettre le passage à travers le fluide de la plus grande section du canot (1). Les lignes d'eau de l'arrière, plus pleines, puisque le déplacement doit y être plus grand, sont suffisamment évidées pour l'action du gouvernail, auquel il serait facile de donner un plus grand effet.

Forme des couples. — » *Formes à maximum de stabilité.* — Pour les couples du centre, nécessaires sous voile, ces formes sont commodes pour la

---

(1) C'est en employant à l'avant des lignes concaves (arcs tangents paraboliques) que l'ingénieux auteur de la théorie des ondes, le professeur J.-S. Ruselle, a obtenu d'admirables résultats, non-seulement sur des embarcations, mais encore sur des steamers de 200 à 500 chevaux.

« J'ai vu, dit M. de Chauvance, sur le canal de la Clyde, des bateaux construits d'après ce principe. L'un d'eux, halé avec la vitesse énorme de 27 357 mètres, près de 15 nœuds à l'heure, a passé dans le fleuve sans former d'intumescence à l'avant. L'eau est doucement et également séparée, et, après le passage du centre du bateau, les particules fluides, glissant sur des lignes elliptiques, reprennent sans choc, sans remous, leur position normale; sans l'adhérence de l'eau le long de la surface mouillée de la carène, qui entraîne à l'avant une légère couche de fluide, il ne resterait aucune trace de ce passage si rapide; il semblerait que le canot glisse sur l'eau sans la toucher. »

manœuvre, en ce qu'elles offrent une surface presque horizontale aux pieds des matelots. La dérive, résultat ordinaire de cette forme, est prévenue par la grande acuité des lignes d'eau, par la dépression des couples de l'avant et de l'arrière.

Quille. — » Elle doit être courbe dans les canots au-dessus de 8 mètres, afin de faciliter les évolutions.

Élancement. — » Il doit être presque insensible, afin de favoriser la finesse des lignes de la flottaison et d'ajouter au déplacement de l'avant, ce qui diminue les tangages. L'étrave doit être très-large, et ses sections doivent faire suite aux lignes d'eau, afin de diminuer la résistance.

Gouvernail. — » On peut l'établir à double effet, c'est-à-dire agissant à la fois sur l'avant et sur l'arrière de son axe de rotation; cela permet d'augmenter considérablement son safran, et par conséquent son effet, sans nécessiter un effort plus grand pour gouverner.... »

Considération relative au poids du canot. — Le poids des fonds favorise la stabilité, celui des hauts lui est contraire. Dans un canot ordinaire, c'est-à-dire non ponté, il est rare que ce dernier ait de l'importance. Ainsi, en général, un canot lourd, à membrure épaisse en bois tors, solidement construit et fortement vaigré, sera stable; une embarcation légère, à membrure ployée et simple, le sera peu.

Considération relative au chargement. — Le chargement habituel constitue un lest véritable, et, par conséquent, contribue beaucoup à la stabilité. Quand le poids de ce chargement et la place qu'il occupe sont très-variables, il faut envisager surtout les circonstances les plus défavorables, quitte à voir alors le canot moins rapide que lorsqu'il est plus et mieux chargé; mais si on réglait la voilure en vue de ces seules circonstances, l'embarcation deviendrait dangereuse dans les autres.

Un chargement favorable est celui qui peut se placer dans le fond du canot, car il équivaut à du lest. Au contraire, un chargement d'hommes est défavorable, parce qu'il charge en haut, et qu'on peut toujours y craindre ces mouvements imprévus qui sont la cause la plus ordinaire des accidents.

Considérations relatives à l'espèce de voilure adoptée. — Le genre de voilure qu'on adopte est aussi à considérer lorsqu'il s'agit de fixer sa surface, parce que selon le genre adopté le centre de voilure se trouve élevé ou abaissé forcément, comme nous le dirons en son lieu. Or, plus le centre de la voilure est bas, plus sa surface peut être considérable, tandis que si le centre est élevé la surface doit être réduite. Enfin, certaines voilures sont plus dangereuses que d'autres à porter et à manœuvrer; c'est donc là encore un point à considérer avant de choisir le facteur qui multipliera le rectangle circonscrit.

Après avoir pesé toutes les conditions qui viennent d'être énumérées, on pourra choisir entre les limites 1 et 3 le facteur dont l'emploi donnera la surface de la voilure. On ne doit pas d'ailleurs se croire engagé par un premier choix, et, comme nous le verrons plus tard, la marche pratique consiste bien plutôt à vérifier si la voilure qu'on a déjà dessinée donne un chiffre total convenable, qu'à fixer ce chiffre d'avance et à corriger ses opérations jusqu'à ce qu'il soit atteint exactement.

POSITION DU CENTRE DE VOILURE.

La solution de ce problème est simple, à cause de la facilité qu'on a de changer l'assiette du canot dans l'eau, en déplaçant son équipage ou son chargement jusqu'à ce que la position qui en résulte pour le centre de rotation soit en rapport avec celle du centre de voilure. Par ce moyen, on peut toujours rendre bien gouvernant un canot voilé d'une manière convenable, et il en résulte une latitude assez grande pour rechercher le point où le centre de voilure sera le mieux placé.

Avant d'aborder cette recherche, il est nécessaire d'établir entre la voilure d'un canot et celle d'un navire une différence capitale.

Sur le navire, où des voiles carrées constituent la partie principale de la voilure, le centre est presque invariable tant que cette voilure elle-même ne change pas. On a vu que la position du centre est déterminée sur les voiles orientées au plus près du vent. Or, quand la route change, et qu'au lieu d'être halées vers le plan longitudinal ces voiles sont fermées ou brassées carré, chacune d'elles pivote autour des mâts sur son axe, et chaque centre d'effort n'est déplacé que de la différence peu appréciable dont augmente le gonflement. La position déterminée pour le plus près diffère donc peu de celle qui correspond aux routes largues.

Sur un canot, le contraire a lieu, parce que les voiles ont toujours des amures fixes, et que leurs vergues sont tiercées, ou même placées en arrière des mâts.

Il en resulte que si les écoutes sont filées, les voiles se transportent en avant. Leurs centres d'effort marchent avec elles, et par conséquent, dans les routes largues, le centre de la voilure est fort en avant de la place qu'il avait au plus près.

Au plus près, il est *nécessaire* qu'un canot soit voilé *ardent*, c'est-à-dire que le centre de sa voilure soit fort en arrière. En effet, quand le temps est beau, la chambre est la place naturelle du chargement ou des passagers. Quand la brise est fraîche et la mer grosse, le salut du canot dépend souvent d'une aulofée; or, il faut que les poids soient tous placés en arrière, afin que l'avant complétement lége puisse s'élever sans embarquer. De ces conditions nécessaires au chargement résulte en général une différence de tirant d'eau notable, qui rendrait l'embarcation molle, *si le centre de voilure n'était pas placé assez en arrière pour y remédier.*

Il est vrai que si le vent et la mer viennent de l'arrière du travers, il ne faut plus que le centre de voilure soit aussi en arrière qu'au plus près. La raison en est qu'on salue alors le grain en arrivant, et que l'arrière doit s'élever sans peine afin que la lame ne le capèle point. Toutefois, même dans ces circonstances, qui ne sont dangereuses que par les gros temps, il faut que l'avant reste lége pour ne pas plonger dans la lame; tout le chargement est donc au centre de l'embarcation, et elle conserve la différence de tirant d'eau parce que son assiette change peu. Alors le déplacement des voiles en avant suffit, et au delà, pour conserver à l'embarcation sa qualité de bien gouvernant.

Ainsi, quand on voile un canot, on n'a pas, comme pour un navire, à se préoccuper d'un centre à peu près invariable de rotation dans l'eau, ni à craindre qu'une disposition de voilure favorable pour le plus près rende l'embarcation trop *ardente* sur les routes largues. Il faut au contraire viser à rendre le canot ardent au plus près, et pour cela disposer la voilure de telle sorte, que son centre soit un peu en arrière du milieu. Dans les cas ordinaires on peut considérer comme limites de la position : 1° le milieu, en avant duquel le centre de voilure ne devrait jamais tomber; 2° une distance en arrière de ce milieu, *ordinairement très-faible*, et *au plus* égale à *un huitième* de la longueur de l'embarcation. Tels sont tous nos types de voilures.

Une construction particulière ou des circonstances exceptionnelles pourraient modifier cette règle.

Un avant fin et plongé, une étrave droite et sans élancement, un arrière plein et peu immergé, un gouvernail étroit, une forte quête de l'étambot, sont des circonstances de construction qui, si on ne les corrige pas, rendent *ardent*, parce qu'elles portent en avant le centre de résistance de l'eau à la carène; il sera donc nécessaire d'en tenir compte.

Par contre, un avant plein et élancé, un étambot droit, ou même ayant de la contre-quête, un gouvernail large, un tirant d'eau considérable en arrière et faible en avant, beaucoup de longueur et peu de bau (1) rendent la coque *molle* et peuvent exiger une position exceptionnelle du centre de voilure.

Ces anomalies, dont on doit savoir tenir compte au besoin, n'infirment en rien la règle générale donnée plus haut, et qui, dans des circonstances ordinaires, donnera toujours des résultats satisfaisants.

Quant à la hauteur du centre de voilure au-dessus de la ligne de flottaison, il est clair que plus elle sera grande, plus la surface totale devra être faible; mais c'est là une considération dont il faut tenir compte en fixant le facteur du parallélogramme circonscrit d'après le genre de voilure qu'on veut adopter.

Examinons successivement cette influence : 1° sur la hauteur du centre de voilure; 2° sur le poids de la mâture et sur la charge qui en résulte pour le canot sous voile et incliné; 3° sur la valeur nautique de la voile, c'est-à-dire sur la manière dont elle oriente et reste plate au plus près du vent, car ce point-là est non moins important que les autres.

Hauteur du centre d'effort. — Soit AE (*Pl. I, fig.* 3) la longueur de bordure qu'il est possible de donner à une voile dont S doit être la surface. Tout d'abord il est certain que plus la bordure sera grande, plus il sera facile d'abaisser le centre d'effort; la bordure AE devra donc être employée tout entière. En second lieu il est évident que, sous peine de charger le canot outre mesure, la voile ne pourra pas être plus large en haut qu'en bas, de sorte que les verticales me-

(1) Les *gigs*, les *baleinières* étroites ont besoin d'avoir leur centre de voilure fort en arrière pour tenir le vent.

nées par les points A et E seront les limites nécessaires du tracé des chutes. Ceci posé, je dis qu'un rectangle **ADPE** dont la hauteur sera donnée par le quotient $\frac{S}{AE}$, c'est-à-dire la surface **PDEA** divisée par la bordure **EA**, sera la forme qui abaissera le plus le centre d'effort.

On ne peut s'écarter de cette forme que de trois manières : 1° en changeant l'apiquage de l'envergure que nous supposons ici horizontale; 2° en inclinant les chutes; 3° en changeant à la fois l'apiquage de l'envergure et la direction des chutes.

Premier cas. — Soit **P'D'** une envergure nouvelle, de direction quelconque, mais conservant à la voile une surface S. Il faut que le triangle ajouté **PMP'** soit égal au triangle retranché **D'MD**. Or, le premier est *en dessus* et le second *en dessous* de l'horizontale **PD**. Il est évident que la nouvelle voile **P'D'AE** *a son centre d'effort plus haut que la voile rectangulaire* **ADPE**, puisqu'elles ont une partie commune **PMD'AE** et que dans la première le triangle **PP'** qui la complète est tout entier plus haut que ne l'est dans la seconde le triangle égal **MD'D**.

Deuxième cas. — Soit ADPE (*Pl. I, fig.* 4) la même voile où, pour plus de simplicité, je changerai la direction d'une seule chute, **EP** par exemple, ce que je dirai de l'une pouvant s'appliquer à l'autre.

Comme la voile ne doit pas être plus large en haut qu'en bas, la chute **EP** ne pourra changer de direction *qu'en s'inclinant à l'intérieur du rectangle* **ADPE**. Ce mouvement, qui domine la surface, ne pourra être compensé que par une élévation d'envergure, et par conséquent si EAD′ représente la nouvelle voile, de même surface S que ADPE, le centre d'effort en sera plus élevé, puisque les deux voiles ont une partie commune EMDA, et que la seconde partie MDD′ de la voile EAD′ est tout entière plus haute que la seconde partie EMP du rectangle ADPE, le centre d'effort O étant celui du rectangle, et O′ celui du triangle.

Troisième cas. — Puisque, exécutés séparément, l'apiquage de l'envergure et l'inclinaison des chutes élèvent le centre d'effort, il est clair que les deux réunis l'élèveront encore davantage.

Ainsi, *à n'envisager que l'effort du vent dans les voiles* et l'avantage très-réel d'en abaisser le centre, la meilleure des voiles serait un rectangle ayant l'envergure horizontale et la bordure la plus grande possible (1).

Poids de mâture et charge qui en résulte.

---

(1) M. Payen, officier supérieur de la Marine, qui s'est longtemps occupé de faire voiler les canots, est arrivé à conclure que la voilure la mieux appropriée au climat du nord et donnant les résultats de marche et de stabilité les plus favorables était celle dont la forme se rapproche le plus du rectangle.

En effet, examinez le n° 23 et comparez-le au n° 1, qui porte la voilure réglementaire des navires de guerre, vous remarquerez, à surface égale, le centre de voilure beaucoup plus bas dans le système Payen, les vergues moins longues développant une surface en arrière plus prononcée. Nous décrirons dans le Chapitre II ce qu'il y a d'habilement combiné dans le tracé de cette voilure et ce qui facilite le moyen de l'établir.

— Ce poids comprend celui des voiles, des vergues, des mâts et du gréement. La charge qui en résulte dépend à la fois de la grandeur des poids et de leur élévation.

Poids de la voile. — Ce poids varie, non avec la forme de la voile, mais avec sa surface et avec sa hauteur et celle du centre de gravité, c'est-à-dire du centre de voilure. La forme qui abaisse le plus le poids de la voile est donc le *rectangle à grande bordure.*

Poids de la vergue. — Il est proportionnel à sa longueur, qui est celle de l'envergure augmentée des bouts, et à sa grosseur moyenne qui dépend des efforts à supporter, c'est-à-dire à sa longueur encore; c'est donc l'envergure qui règle seule les dimensions de la vergue.

L'action de ce poids est toujours grande, puisque la vergue est hissée en tête du mât.

Poids du mât et de son gréement. — La grosseur d'un mât et de son gréement est proportionnelle : 1° à la longueur absolue du mât; 2° à la charge qu'on lui fait porter. La grandeur des vergues oblige donc à augmenter le poids des mâts, mais le contraire n'a pas lieu; d'où il suit qu'en élevant les mâts on n'augmente que leur poids propre, tandis qu'en allongeant les vergues on augmente non-seulement leur poids, mais encore celui de toute la mâture.

Valeur nautique de la voile. — Une bonne voile est celle qui peut rester plate au plus près du vent (voiles auriques), qui n'a pas de sac à la chute arrière (1), et dans laquelle le haut de la chute n'est pas entraîné par sa vergue trop sous le vent du reste de la surface. Pour cela il faut que les sections horizontales de la voile soient à peu près droites, qu'elles soient courtes relativement aux chutes, afin que la courbure ait surtout lieu dans le sens vertical, et c'est d'autant plus facile que la voile est à la fois plus haute et moins large. Il est donc avantageux pour la marche au plus près du vent que chaque voile ait une forme *haute, élevée, où le guindant domine et où l'envergure soit moindre que la bordure.* Ce n'est pas tout : il faut aussi que la vergue soit peu apiquée et que la

(1) Le sac qui se produit sur la chute arrière d'une voile, et qui empêche le vent de s'échapper par là, vient de la tension des coutures en cette partie privées de mous. Voici, d'après nos remarques, ce qui se passe dans la voile à mous et dans celle qui n'en a pas.

Soient M (*Pl. I, fig.* 2) le mât d'une voile à mous, et B la chute arrière, puis M' et B' les mêmes parties de la voile sans mous. Le vent frappant ces deux surfaces dans la direction V et V', le gonflement qui s'y manifeste fait naître deux courbes différentes : l'une plus prononcée vers le mât, et l'autre vers la chute arrière. La première courbe est favorable à la fuite du vent, la seconde le retient un moment et le force à descendre jusqu'au bas de la voile, ainsi que cela se passe à la surface d'une basse voile carrée de navire.

On peut donc conclure de ce qui précède qu'une voile aurique gonflée dans la partie du mât et allant en s'aplanissant de plus en plus vers la chute arrière possédera les meilleures qualités nautiques ; tandis que si elle est plane vers le mât et rentrée en chute arrière, elle sera moins favorable à la marche du canot.

forme générale de la voile soit aussi rapprochée que possible de celle d'un rectangle; et, surtout en arrière (pour un bon développement de chute), *que les angles des points soient bien ouverts.* On inclinera donc les chutes l'une vers l'autre modérément, sans dépasser un angle de 10 à 15 degrés avec la verticale.

C'est une erreur assez répandue de croire qu'une bonne voile d'embarcation doit avoir la chute arrière verticale. Il s'en faut de beaucoup que cela soit exact. Ce qui est vrai, c'est qu'une voile dont la chute arrière est verticale peut *plus facilement qu'une autre supporter une mauvaise coupe et une confection inhabile.* Rien n'est plus aisé à comprendre. Quand la chute est verticale, toutes les laizes sont supportées directement par la vergue, et par conséquent elles peuvent se gonfler d'une manière à peu près égale sous l'action du vent. Aucun poids ne tend à ramener la chute arrière à l'intérieur de la voile, et, *même si la voile est cousue plane,* elle aura peu de *sac* au plus près du vent, à moins qu'elle ne soit démesurément large d'envergure et courte en chute. Il ne suit pas de là qu'une voile bien faite et dont la chute arrière est convenablement inclinée ne soit pas *beaucoup meilleure.* Seulement, pour être convenable, il faut que cette inclinaison de la chute *soit modérée.* Nous indiquons 10 à 15 degrés *comme une limite sûre;* mais un bon voilier peut rendre *excellente* une voile dont la chute arrière sera inclinée jusqu'à 20 et même, à la rigueur, jusqu'à 25 degrés, pourvu toutefois que la vergue de cette voile soit d'une longueur suffisante, peu *apiquée,* bien soutenue, et telle, en un mot, qu'il est nécessaire pour combattre une si forte inclinaison.

Mais, dans les limites de 15 à 20 degrés, l'inclinaison est *avantageuse,* car elle diminue la longueur de la vergue et fait que le poids de celle-ci n'entraîne pas trop sous le vent le haut de la voile.

FORME DE LA VOILURE CONSIDÉRÉE DANS SON ENSEMBLE.

Gracieuse à l'œil, la forme qui vient d'être indiquée pour chacune des voiles sera favorable à la marche, et même à la stabilité, en ce sens qu'elle diminuera la charge et par conséquent la fatigue du canot par les grandes brises, mais à la condition que la *voilure n'offrira pas de vides,* et qu'elle n'aura pas un ensemble trop élevé. Une voilure composée de plusieurs voiles sera donc toujours préférable à une voile unique, et la réunion de ces voiles doit former une figure aussi abaissée que cela est compatible avec les principes développés plus haut.

Quand la surface totale d'une voilure est fixée, cet abaissement si désirable de son ensemble dépend de la somme des bordures des voiles. Plus cette somme pourra être considérable, plus sera faible la hauteur moyenne dont le *centre de voilure* occupe à peu près le milieu. Par conséquent, il y a tout avantage à se procurer une bordure considérable. On y arrive : 1° en utilisant toute la longueur du canot, en l'augmentant même avec des bouts-dehors de foc et de tapecul, ou avec la saillie du gui sur les *côtres* et *goëlettes;* 2° en croisant un peu les bordures de chaque voile sur la chute avant de celle qui la suit.

1° Des bouts-dehors. — Les bouts-dehors de

foc et de tapecul sont utiles, mais ils ne doivent pas être trop longs, sans quoi ils fatiguent le canot et rendent les tangages durs, parce qu'ils transportent aux extrémités d'un long balancier les efforts des voiles. Il en est de même de la saillie du gui.

2° Croisement des voiles. — Chaque point d'écoute peut croiser la chute avant de la voile suivante, mais d'une petite quantité. Ainsi nous donnerions comme limite extrême le cas où, sur le plan longitudinal, dans lequel on représente les voiles plus ouvertes qu'elles ne peuvent l'être une fois orientées, l'intersection d'une chute arrière avec la chute avant qui lui fait suite tomberait au milieu de celle-ci. En effet, avec un croisement plus fort, les voiles s'abritent et le révolin de la voile d'avant dévente l'amure de la suivante.

L'emploi des bouts-dehors et le croisement des chutes sont donc deux moyens bons en eux-mêmes pour augmenter la somme des bordures, mais il n'en faut pas exagérer l'emploi.

Nous dirons encore que les envergures et chutes des voiles de même espèce doivent être parallèles ; ainsi, dans une *goëlette*, les cornes, les chutes de misaine et du grand mât ; dans un *lougre*, toutes les vergues et chutes correspondantes des voiles envergées. On doit même, autant que cela est possible, assigner aux voiles de même espèce des formes semblables, c'est-à-dire des côtés proportionnels ou à peu près.

Les points d'écoute doivent être suffisamment relevés, *mais non pas trop ;* ceux des ris un peu plu que les points des voiles, afin qu'à la bande et par grosse mer les bordures ne trempent pas.

Le tracé des focs doit être soumis aux règles qui ont été exposées pour les navires dans notre *Méthode pratique de la coupe;* c'est-à-dire que l'angle de l'écoute avec la chute doit être un peu plus grand qu'un droit.

Toutes les voiles d'embarcations sont des voiles auriques ou des voiles latines. On les coupera suivant les règles données à ce sujet dans la *Méthode pratique* précitée.

Quand on n'a pas de toile à petite laize ($0^m,32$), il est très-bon de voiler les canots à demi-laize. Les coutures sont trop écartées quand on se sert de laizes entières ($0^m,57$), *l'emploi des mous devient plus difficile et ne produit pas d'aussi bons résultats.* Nous avons déjà dit que la fabrique de Landerneau fournissait des toiles à petite laize de plusieurs numéros.

CHAPITRE II.

PRINCIPAUX GENRES DE VOILURE APPLICABLES AUX EMBARCATIONS.

Nous n'entendons parler en ce moment que de la manière dont les voiles sont groupées et réparties sur la longueur de l'embarcation, et des noms particuliers qui en résultent pour la voilure. Plus loin nous donnerons la marche à suivre pour les tracer.

Voilure n° I (genre de *lougre*). — Cette voilure est destinée aux *chaloupes* et aux *canots* de 1re et de 2e catégorie des navires de guerre.

Les rapports du *bau* et du *creux* affectés aux chaloupes sont les $\frac{28}{100}$ et $\frac{11}{100}$ de leur longueur ; les canots de la 1re catégorie (grands canots), les $\frac{25}{100}$ et $\frac{9}{100}$; ceux de la 2e catégorie, les $\frac{24}{100}$ et $\frac{8}{100}$. *Le creux n'est compté que de l'emplanture en dessous du banc du mât ou du pont de l'embarcation.*

Les rapports de mâture et de position des mâts, consignés dans nos tableaux, sont applicables :

1° Aux chaloupes de 8 à 12 mètres ;

2° Aux canots (1re catégorie) de 9 mètres à 11m,50 ;

3° Aux canots (2e catégorie) de 9 mètres à 10m,50.

Ce genre de voilure réglementaire, dans lequel nous conservons le plus possible nos rapports de mâture, est simple et commode ; le gréement de *lougre* donne aux mâts et aux vergues des dimensions modérées qui les rendent maniables et d'un mâtage ou démâtage relativement facile. Avec lui, lorsqu'on est à l'aviron et démâté, le grand mât le plus long de tous n'avance pas beaucoup dans la chambre, à moins que le canot ne soit en même temps court et très-voilé ; aussi est-ce à cause de cette commodité que les navires de guerre ont adopté ce genre de voilure. On diminue très-simplement la surface de la voilure en supprimant *foc* et *grand'voile*, ou *foc* et *tapecul*. Le centre de cette surface, comme on aura lieu de le voir, est plus bas que dans aucune autre mâture, à cause du grand développement que donnent les deux bouts-dehors. Enfin les poids sont faibles et peu élevés.

La surface de voilure ne dépasse guère 2 $\frac{1}{2}$ fois celle du parallélogramme circonscrit; mais si le canot est lourd et fort de côté, on peut la porter jusqu'à 3 fois le parallélogramme ; les chaloupes, par exemple, atteignent ce chiffre.

Voilure n° 2 (de *goëlette*). — Elle consiste en deux voiles auriques enverguées sur corne, appelées *grand'voile* et *misaine*, dont la première borde sur gui ; et deux focs, dont l'un amarre à l'étrave et s'appelle *trinquette;* quelquefois deux flèches-en-cul, si l'embarcation a des mâts à flèche ou des mâts de hune.

Ce gréement suppose toujours un canot de grande dimension. Il est gracieux à l'œil, avantageux pour la marche, surtout au plus près, n'élève pas trop le centre de voilure quand il n'y a pas de flèche, et convient aux canots de plaisance, parce qu'on le manœuvre avec peu de bras. Le seul inconvénient qui lui soit particulier, c'est de rendre les mâtages et les démâtages lents et difficiles, et d'encombrer le canot à l'aviron à cause de la longueur des mâts.

La surface de voilure de notre exemple est de $2\frac{43}{100}$ fois celle du rectangle circonscrit à la flottaison, le bau ayant les $\frac{26}{100}$ de la longueur de l'embarcation, mesuré de l'*étrave* à l'*étambot*, et le creux, du pont à la carlingue, les $\frac{13}{100}$ de cette même longueur.

Sur un canot stable, la voilure de goëlette peut aller jusqu'à 3 fois la surface du parallélogramme circonscrit.

Voilure n° 3 (de *côtre* ou *cutter*). — Elle consiste en une voile aurique enverguée sur corne, bordant sur gui, et appelée *grand'voile;* un foc d'étrave appelé *trinquette,* un *grand foc* amurant sur bout-dehors, et un flèche qui porte sur un mât de hune.

Ce gréement est gracieux, favorable à la marche au plus près, facile à manœuvrer. Il a même pour lui l'avantage de n'avoir qu'un mât encombrant.

Le côtre est difficile à mâter et à démâter, car le seul mât qu'il porte est plus long que ceux des goëlettes, c'est-à-dire plus long que le canot, à moins que la voilure ne soit très-faible.

Le centre de voilure est un peu plus haut pour le côtre que pour la goëlette ; néanmoins sa surface peut être à peu près équivalente à celle de la voilure de la goëlette, en supposant des flèches à celle-ci ; c'est-à-dire qu'elle est comprise entre 2 et 3 fois la surface du parallélogramme circonscrit. Dans notre exemple, elle est dans le rapport de $2\frac{71}{100}$ avec le parallélogramme.

Voilure n° 4. — Quelquefois, au lieu de *brigantine*, le côtre a une voile sans gui, dite *voile de senau*, bordant sur le tableau du canot, ou même sur un gui, *pouvant parer facilement* un mât de tapecul situé le plus possible de l'arrière. Cette disposition est avantageuse en ce qu'elle abaisse le centre de voilure; mais sans gui elle nuit à la marche vent arrière.

La surface que nous offrons ici atteint 2 $\frac{71}{100}$ fois celle du parallélogramme circonscrit. Le bau et le creux correspondant à la longueur des canots n^os^ **3** et **4** atteignent les $\frac{27}{100}$ et $\frac{14}{100}$.

Voilure n° 5 (*sloop*). — Cette voilure ne diffère de la voilure n° **3** que par l'inclinaison du mât, dont le pied est porté plus sur l'avant. Cette disposition permet d'abaisser le centre de voilure et de moins faire plonger l'embarcation, quand les formes de l'avant ne sont pas assez pleines pour la protéger contre la lame. Les caboteurs des Antilles, voilés de la sorte, soutiennent parfaitement la mer.

La surface de voilure appliquée ici a 2 fois celle du parallélogramme circonscrit; le bau a les $\frac{26}{100}$ de la longueur du canot, mesurée entre les perpendiculaires de l'étrave et de l'étambot; le creux les $\frac{13}{100}$ de cette même étendue, de la carlingue à la partie supérieure des bancs.

Voilure n° 6 (genre de *houari*). — Cette voilure est en usage à Marseille au moment des régates. La surface de voilure paraît exagérée, et pourtant elle est en rapport avec celle qu'on donne aux chaloupes de lourde construction, et susceptibles de porter plus de charge que leur armement. Le rapport du bau à la longueur s'élève aux $\frac{37}{100}$, et la profondeur sur carlingue en dessous du pont (ces embarcations sont pontées) atteint les $\frac{13}{100}$. Ainsi cette surface de voilure, qui paraît dominer celle des autres canots de même longueur, ne dépasse guère 3 fois le rectangle circonscrit à la flottaison.

La bordure de la voile principale est transfilée sur son gui; celle du foc est libre. De la forme courbe de ce dernier dépend une supériorité de marche au plus près.

La coupe et la confection de cette voilure ont été données dans notre *Méthode pratique de la coupe*, publiée en 1863.

Voilure n° 7 (genre de *sloop*). — Même usage que la précédente. Surface de voilure équivalente pour même coque d'embarcation.

Voilure n° 8 [de *bateau de servitude* (Finistère)]. — Parmi les voilures des bateaux de pêche ou de servitude qui sillonnent la rade de Brest, nous avons choisi celle des bateaux dits *Plougastels* (1), qui nous a semblé le mieux convenir à leur marche ainsi qu'à leur stabilité.

Malgré la lourde construction de ces bateaux, nous leur avons donné, dans notre exemple, une surface de voilure qui ne dépasse pas 2 $\frac{1}{2}$ fois celle du parallélogramme circonscrit. Le bau mesure les $\frac{27}{100}$ et le creux les $\frac{13}{100}$ de la longueur du bateau.

Les formes du bateau de Plougastel se perpétuent

(1) Montés par des pêcheurs originaires du bourg de ce nom.

traditionnellement, mais celles de sa voilure sont très-variables.

Voilure n° 9 (genre de *lougre*). — Amurant au banc du mât. Cette disposition des amures est favorable aux évolutions, parce qu'elle dispense de gambiller les voiles à chaque virement de bord. A cet effet, on hisse la grand'voile et le tapecul du même bord, et la misaine opposée à ceux-ci.

Les rapports de mâture du n° **9** sont les mêmes que ceux appliqués au n° **1**, ainsi que les dimensions de la coque. La surface de voilure est équivalente.

Voilure n° 10 [*bateau de pêche* (Morbihan)]. — La coque est large et forte, elle a de l'analogie avec celle de la voilure n° **8**. Le maître bau, ayant les $\frac{27}{100}$ de la largeur, est placé un peu en avant du milieu. Elle a peu de quête et peu d'élancement. L'étrave et l'étambot sont courbes et l'arrière est à ras l'eau. Ce type se perpétue par tradition. Les voiles sont faites par les pêcheurs eux-mêmes. Il est de règle que leurs deux chutes soient parallèles aux mâts, qui sont inclinés tous les deux sur l'arrière d'environ 20 degrés; que la misaine soit beaucoup plus petite que la grand'-voile (du tiers au quart comme surface); que les deux envergures soient au droit fil.

La profondeur de ces bateaux a les $\frac{13}{100}$ de leur longueur, et la surface de voilure est de 1 $\frac{95}{100}$ par rapport à celle du parallélogramme circonscrit à la flottaison.

Voilure n° 11 (à *antenne*). — Cette voilure est appropriée au climat de la Méditerranée. Forcée en surface, elle est destinée à servir, par un vent favorable, au même usage que celle des nos 6 et 7. La surface de voilure ne s'élève qu'à 2 $\frac{97}{100}$ fois celle du rectangle circonscrit. Le bau a les $\frac{27}{100}$ et le creux les $\frac{11}{100}$ de la longueur de l'embarcation.

Voilure n° 12. — Elle est composée de la mâture n° 1. A cause de son élévation, elle convient aux vents légers de la Méditerranée. La surface de voilure n'atteint que 1 $\frac{93}{100}$ fois celle du parallélogramme circonscrit.

Voilure n° 13. — Cette voilure est propre aux chaloupes du commerce. Facile à manœuvrer, sa surface de voilure ne dépasse pas 1 $\frac{69}{100}$ fois celle du parallélogramme circonscrit. Le bau a les $\frac{27}{100}$ et la profondeur en dessous des bancs les $\frac{9}{100}$ de la longueur entre les perpendiculaires de l'étrave et de l'étambot.

Voilure n° 14 (à *livardes*). — Même destination que la précédente. Les livardes qui développent la surface des voiles sont de longues perches au moyen desquelles on roidit la diagonale d'amure ; elles ne constituent donc pas un genre de voilure ; elles ne sont qu'un procédé pratique pour établir les voiles au vent. Les dimensions de la coque sont les mêmes que celles du canot précédent, et la surface de voilure est équivalente.

Voilure n° 15. — Composée d'une misaine et d'un tapecul, elle convient aux chaloupes de commerce ayant un bau qui est $\frac{1}{4}$ de la longueur et un creux qui en est les $\frac{8}{100}$. La surface de voilure compte 1 $\frac{45}{100}$ fois le rectangle circonscrit à la flottaison.

Voilure n° 16 (à *livardes*). — Même usage que la précédente. Surface équivalente.

Voilure n° 17. — Misaine et tapecul envergués destinés à un canot de mêmes dimensions que la chaloupe précédente, mais d'une construction moins lourde. Cette voilure est très-commode, parce qu'elle dégage entièrement la chambre. C'est là son seul avantage. Elle est quelquefois dangereuse; elle élève beaucoup les poids et le centre de voilure, dont la surface doit, par là même, être assez faible; aussi ne l'avons-nous élevée qu'à $1 \frac{1}{2}$ fois le rectangle circonscrit.

Voilure n° 18. — Elle est destinée à une embarcation plus forte en bau et en creux que la précédente; la surface de voilure ne doit pas dépasser $1 \frac{75}{100}$ fois le parallélogramme circonscrit. Le bau a les $\frac{26}{100}$ et $\frac{1}{10}$ de creux à l'égard de la longueur.

Voilure n° 19. — Pour même coque d'embarcation que le n° **18**. Surface équivalente.

Voilure n° 20. — Pour canots d'un bau de $\frac{27}{100}$ et $\frac{9}{100}$ de creux. Voilure à petite vergue, presque sans apiquage, qui permet d'abaisser le centre de voilure. Ce genre, qui est anglais, exige une grande abondance de mous dans les laizes de la chute arrière; ces mous sont destinés à agrandir l'angle des points d'écoute, ordinairement trop aigu à cause de la disproportion qui existe entre l'envergure et la bordure des voiles. La surface de voilure s'élève à $1 \frac{82}{100}$ fois celle du rectangle circonscrit à la flottaison.

Voilure n° 21. — Même voilure que la précédente, dont elle ne diffère que par les amures fixées au banc du mât. Cette disposition rend le canot plus marin.

Voilure n° 22 (genre de *côtre avec tapecul*). — Cette voilure se rapproche de 3 fois le rectangle circonscrit (2 $\frac{84}{100}$ fois). Le bau a les $\frac{33}{100}$ de la longueur du canot et les $\frac{2}{10}$ en creux.

Voilure n° 23 (genre de *lougre*). — Le tracé de ces voiles exige dans chacune d'elles une configuration telle, que l'envergure, la chute au mât et la bordure soient égales entre elles; il doit en être de même pour la chute arrière et la *diagonale d'écoute;* ces dernières dimensions doivent avoir les $\frac{2}{5}$ de plus que les autres.

On commence le tracé de la voilure par celui de la misaine, en plaçant le point de suspension de la vergue à $\frac{1}{10}$ de la longueur du mât en dessous du clan de drisse. On fixe l'inclinaison des vergues parallèlement entre elles, et l'on établit les côtés de chaque voile dans les conditions précitées.

Cette voilure est composée avec la mâture du n° **I**; elle a son centre plus bas, les envergures plus courtes, et pourtant elle offre une surface équivalente.

Dans le Chapitre Ier, nous avons dit que ce genre de voilure était dû à M. Payen, officier supérieur de la Marine, qui a bien voulu nous autoriser à le mentionner dans notre Traité.

Voilure n° 24 (genre de *côtre de l'Amérique du Nord*). — Appliquée sur une embarcation ayant en bau les $\frac{27}{100}$ et en creux les $\frac{20}{100}$ de sa longueur entre les perpendiculaires de l'étrave et de l'étambot. La surface de voilure ne dépasse pas $2\frac{1}{2}$ fois celle du rectangle circonscrit à la flottaison.

Voilure n° 25 (*rafiau toulonais*). — Voilure très-connue des marins qui ont navigué dans la Méditerranée, et commode à manœuvrer par un seul homme.

Les proportions de la coque sont les suivantes : bau, $\frac{30}{100}$; creux, $\frac{12}{100}$ de la longueur comprise entre les perpendiculaires de l'étrave à l'étambot.

Nous donnons, dans notre *Méthode pratique de la coupe,* le moyen de tracer, couper et confectionner ce genre de voilure particulier aux voiliers du Midi.

Voilure n° 26. — Voilure ordinaire de baleinière de navire de guerre. Un mât placé au milieu porte une voile à envergure tiercée.

Cette voilure est commode parce qu'elle est peu encombrante, et que le mâtage et le démâtage en sont faciles; mais elle est dangereuse et aussi peu favorable aux évolutions qu'à la marche au plus près du vent. Elle est bien supérieure quand elle est composée d'une grand'voile tiercée et d'une misaine très-petite qui maintient l'avant, facilite les évolutions, et rend toujours le canot beaucoup plus marin qu'il ne le serait avec une seule voile. La surface de voilure ne doit pas dépasser, dans ce cas, $1\frac{1}{2}$ fois celle du parallélogramme circonscrit. Nous donnons pour une seule voile $1\frac{20}{100}$ fois, et c'est assez pour un bau qui n'a que les $\frac{24}{100}$, et en creux les $\frac{88}{1000}$ de la longueur de la baleinière.

Voilure n° 27 (genre de *houari*). — Cette voilure s'applique quelquefois aux baleinières. Les vergues sont établies en prolongement des mâts, sur lesquels elles glissent au moyen de deux rocambeaux. Facile à manœuvrer, cette voilure convient à des embarcations légères et montées par un petit nombre d'hommes; appliquée sur une baleinière, elle ne dépasse guère, dans notre exemple, $1 \frac{29}{100}$ fois la surface du parallélogramme rectangle.

Voilure n° 28. — Même genre que la précédente. En usage dans quelques ports de la Manche. De toutes les voilures latines, celle-ci est la moins dangereuse, une des plus jolies, et facile à manœuvrer. Appliquée sur un canot ayant $\frac{1}{4}$ de sa longueur pour bau et en creux les $\frac{9}{100}$, elle donnerait d'excellents résultats. Cette surface de voilure ne dépasserait pas $2 \frac{12}{100}$ fois celle du rectangle circonscrit d'après nos rapports de mâture.

Voilure n° 29 (*voiles latines de chebec*). — Comme la précédente, elle comporte quatre voiles. Elles sont quadrangulaires, mais elles ont la chute au mât fort courte et les vergues très-apiquées. A cause de la grande longueur de ces dernières, cette voilure est incommode quand on doit mâter et démâter fréquemment. Elle est peu favorable aux allures du vent arrière, mais elle est bonne au plus près, et, comme toutes les voilures à antenne, elle ne charge pas. Nous donnons à celle-ci une surface égale à $2 \frac{6}{100}$ fois celle du rectangle circonscrit. Le bau mesure $\frac{1}{4}$ de la longueur de l'embarcation et le creux $\frac{1}{10}$.

Voilure n° 30 (*voiles de tartane*). — Cette voilure ne diffère de la précédente que par la suppression du côté de chute au mât dans les voiles enverguées, et l'emploi d'un palan d'amure qui manœuvre le bout d'en bas des antennes. Mêmes proportions de coque que celles de l'embarcation précédente. La surface de voilure atteint $2\frac{21}{100}$ fois celle du rectangle circonscrit.

CHAPITRE III.

MARCHE A SUIVRE POUR VOILER LES EMBARCATIONS.

S'il s'agit de voiler un canot de 9 mètres, d'après le type nº **I**, 2e catégorie (*Pl. I*), mesurant 10 mètres de longueur de perpendiculaire en perpendiculaire, le bau pris en dehors des membres, à la flottaison, mesure les $\frac{24}{100}$ de la longueur précitée, et le creux les $\frac{8}{100}$ pris en dessous des bancs.

Les tableaux qui terminent ce chapitre renferment les éléments nécessaires pour obtenir sans tâtonnements la longueur des espars composant la mâture, ainsi que la position de chaque mât à compter de l'étrave. Quant à la pente des mâts et à l'inclinaison des vergues, on pourrait se fier au plan de voilure, si toutefois on les trouve convenablement établies.

Les dimensions principales du canot à voiler sont les suivantes :

	m
Longueur totale de perpendiculaire en perpendiculaire	9,00
Longueur totale à la flottaison	8,70
Largeur au fort	2,26
» à la flottaison ou bau	2,16
Creux sous l'emplanture du tapecul	0,77
» sous le banc du grand mât	0,72
» sous le banc du mât de misaine	0,80
Hauteur sur carlingue du tableau	1,20

	m
Hauteur de la fargue au ras de l'étrave.......	1,24
Distance d'un banc à l'autre................	0,65
Largeur des bancs.......................	0,165

Pour obtenir le bau à la flottaison et le creux à compter des bancs, on multiplie la longueur du canot par les rapports de coque mentionnés plus haut.

Bau } d'un canot de 9^m { $\frac{24}{100} \times 9^m = 2^m,16$

Creux (1) } d'un canot de 9^m { $\frac{8}{100} \times 9^m = 0^m,72$

Au moyen du bau $2^m,16$, multiplié successivement par les rapports de mâture appliqués au canot n° **I**, 2e catégorie, on obtiendra la longueur de chaque pièce de mâture.

EXEMPLE :

	Rapports.	Bau.	
	m	m	
Grand mât...........	2,75 ×	2,16 =	5,94
Mât de misaine........	2,60 ×	2,16 =	5,61
Mât de tapecul.........	1,65 ×	2,16 =	3,56
Bout-dehors de foc.....	1,85 ×	2,16 =	3,99
» de tapecul.	1,35 ×	2,16 =	2,91
Grande vergue.........	2,20 ×	2,16 =	4,75
Vergue de misaine.....	2,10 ×	2,16 =	4,53
» de tapecul......	1,35 ×	2,16 =	2,91

(1) Nous devons dire que si le creux du canot à voiler différait sensiblement de celui que nous avons choisi pour exemple, on ajouterait ou l'on retrancherait, selon le cas, cette différence de la longueur du mât obtenue par nos rapports de mâture.

La position des mâts à compter de l'étrave s'obtient également par les rapports suivants :

	Rapports.	Longueurs.	Distances.
Mât de misaine......	0,131	× 9 mètres	= 1^{m},17
Grand mât..........	0,516	× 9 »	= 4,64
Mât de tapecul......	0,970	× 9 »	= 8,73

Tels sont les résultats des calculs nécessaires au tracé du plan de voilure du genre de lougre adopté comme exemple.

TRACÉ DU PLAN.

Sur une feuille de papier nous tracerons une ligne horizontale AE (*Pl. I, fig.* 1) représentant le dessus de la carlingue, ayant provisoirement pour longueur 9 mètres relevés sur l'échelle du plan à construire.

Par les points A, T et E j'élève des perpendiculaires. Sur la première je prends AB = 1^{m},20 et le point B me donne le haut du tableau, par lequel je fais passer un trait horizontal BB' qui représente l'axe du bout-dehors du tapecul. Sur la seconde perpendiculaire, je prends TT' = 0^{m},77, et j'ai l'emplanture du mât de tapecul. Enfin, sur la troisième perpendiculaire je prends EF = 1^{m},24, et j'ai le point F, qui représente l'extrémité de la fargue par où je fais passer un trait horizontal FF' qui représente la partie inférieure du bout-dehors de foc.

Il faut maintenant tracer les mâts.

Grand mât. — La pente réglementaire des canots des navires de la flotte est de 0^{m},14 par mètre, ce qui correspond à une inclinaison sur carlingue de 8 degrés.

Par le point G je mène une ligne GG′ faisant avec AE un angle égal à 8 degrés; sur cette ligne je mesure une longueur $Gg = 5^m,94$, et j'ai l'axe du grand mât. Je porte ensuite sur une des perpendiculaires EF ou AB une hauteur égale à $0^m,72$ (creux sous le banc du grand mât); par le point ainsi obtenu je mène une parallèle à AE : le point g', où elle rencontre l'axe Gg', est le trait inférieur du banc du grand mât à sa face arrière. Je porte en dessus $g'g'' = 0^m,05$, épaisseur des bancs, et j'ai le dessus du banc du grand mât, dont je marque la largeur $0^m,165$.

Mât de misaine. — La pente réglementaire est de $0^m,11$ par mètre, soit environ 7 degrés. Je fais les mêmes opérations que pour le grand mât, en prenant $0^m,80$ pour le creux sous le banc du mât de misaine, et j'obtiens l'axe du mât Mm et les deux traits, supérieur et inférieur, de son banc m'' et m'.

Mât de tapecul. — La pente réglementaire est de $0^m,17$ par mètre, soit environ 9 degrés. J'obtiens donc l'axe Tt. La rencontre du bout-dehors avec cet axe devant me donner la position de l'amure, je n'ai pas besoin de tracer le banc supérieur.

S'il arrive qu'on n'ait pas de rapporteur ou qu'on ne sache pas quelle pente en degrés est équivalente à celle du tableau, on peut employer les chiffres mêmes qu'on y trouve. Ainsi, à raison de $0^m,14$ par mètre, la distance de l'aplomb de la tête du grand mât en arrière de son emplanture sera $5^m,94 \times 0^m,14 = 0,831$; on portera $0^m,831$ en arrière du point G; par le point C ainsi obtenu, on élèvera une perpendiculaire Cg; on décrira du point G comme centre, avec le rayon $5^m,94$, un arc de cercle, et le point *g* où il rencontrera la perpendiculaire C*g* donnera la tête du grand mât. On pourra faire de même pour tous les autres.

Les axes des mâts une fois tracés, il faut représenter les vergues. Leur point de suspension est plus ou moins haut, selon qu'on fait les drisses à *itague* ou à *poulie*. La première méthode est incontestablement la meilleure; mais, comme en voilant il faut tout prévoir, nous prendrons un terme moyen en marquant le point de suspension au premier dixième de la longueur de chaque mât, cette quantité devant toujours suffire pour une bonne étarque.

Pour les points de suspension des vergues on fera passer des traits parallèles entre eux et qui feront avec les axes les angles suivants : au grand mât, 145 degrés; au mât de misaine, 143 degrés; au mât de tapecul, 147 degrés. Nous disons que ces traits seront parallèles entre eux. Les chiffres donnés doivent produire ce résultat; mais si, par une erreur de tracé, il n'était pas atteint, il serait indispensable de rendre les vergues parallèles, sauf à avoir une petite différence entre l'apiquage vrai et l'apiquage réglementaire.

Comme les vergues sont à peu près tiercées au mât, on portera sur chaque trait, en avant du mât un tiers, et en arrière du mât deux tiers de la longueur correspondante; après quoi les vergues HH′, LL′, SS′ seront représentées.

Sur chaque bout de vergue (à la partie supérieure) on retranchera de $0^m,10$ à $0^m,15$ pour bois mort, et on aura les extrémités des envergures. Cela fait, il ne reste plus qu'à tracer les chutes.

Chutes avant. — Il est avantageux que les chutes avant soient à peu près parallèles aux axes des mâts principaux, et il est à désirer pour le coup d'œil que tous les côtés soient parallèles entre eux. Cela posé, il est évident que la chute de la grand'voile doit être tracée la première, parce que l'amure se faisant ordinairement sur un banc et non en abord, il faut, pour le faire, tenir compte de la position des bancs.

Par le point H', qui est l'extrémité avant de l'envergure de la grand'voile, on mènera le trait H'*b'* parallèle à l'axe G'G; on prolongera le trait supérieur du banc jusqu'à sa rencontre avec H'*b'*, et, mesurant la distance *b'g''*, on verra si, avec la direction H'*b'* donnée à la chute, l'amure tombe sur un banc; si elle n'y tombe pas, on inclinera le trait H'*b'* un peu plus en avant ou un peu plus en arrière, jusqu'à ce qu'il en rencontre un; alors ce trait, devenu définitif, représentera la chute avant de la grand'voile. On placera l'amure à $0^m,10$ environ au-dessus du banc qui devra la porter.

Comme la grand'voile borde au tableau du canot, on mènera par le point B la direction de son écoute B (1) sur laquelle on prendra un battant suffisant pour la poulie et le ridage, environ $0^m,50$ ou $0^m,60$; on aura ainsi le point d'écoute P, qu'on joindra au point d'a-

---

(1) Il n'y a aucune règle précise et positive sur la manière de tracer l'écoute d'une voile aurique, mais on peut être sûr d'un bon résultat si la direction choisie est comprise entre la *bissectrice* de l'angle du point (c'est-à-dire la droite qui le partage en deux parties égales) et la *perpendiculaire abaissée du point d'écoute sur la diagonale d'amure*.

muré et à l'empointure d'envergure H, ce qui achèvera le tracé de la grand'voile.

Pour tracer la misaine, on mènera par les extrémités de son envergure des lignes parallèles aux chutes de la grand'voile, et on fera l'amure au vent en abord sur le plat bord, là où elle tombera; si pourtant l'amure était trop en arrière, il pourrait arriver qu'on dût en placer le piton sur un banc; dans ce cas on pourrait faire une amure en patte d'oie, mais le plus souvent on amure la misaine en avant du mât sur le milieu du banc, malgré la gêne qu'on éprouve par la rentrée du bout-dehors de foc venant éguilleter au mât.

Le tapecul sera tracé comme la misaine, mais il peut arriver aussi que l'amure ne puisse pas être faite là où l'exigerait une chute avant parallèle à celle de la grand'voile, et alors on devra renoncer, pour cette chute seulement, au parallélisme qui se conservera dans l'envergure et la chute arrière; ou bien on inclinera davantage le mât de tapecul en arrière, ce qui permettra souvent de conserver le parallélisme sur tous les côtés.

Le tracé du foc reste seul à faire; il est fort simple. On joint la tête du mât de misaine à celle du bout-dehors, et on mène le trait *ss'* parallèle à la chute avant des voiles pour représenter la chute du foc. On place ordinairement ce trait un peu en avant de celui de la chute de misaine. On place le point d'écoute de manière qu'il soit relevé suffisamment, et que la chute fasse, avec la direction de l'écoute, un angle plus grand qu'un angle droit. On joint le point d'écoute ainsi déterminé au point d'amure, et la figure du foc *ss'*F'' est achevée.

Le tracé de voilure qui vient d'être décrit n'est définitif qu'à deux conditions : l'une consiste à donner au canot une surface de voilure convenable, l'autre à bien placer le centre de cette voilure.

Détermination de la surface de voilure. — Pour déterminer la surface de voilure, on calculera celle de toutes les voiles, prises chacune en particulier. Prenons pour exemple la misaine. On mènera la diagonale TL′, et on la mesurera à l'échelle du plan. On prendra successivement les distances des points L et U à cette diagonale, on en fera la somme, et par la moitié de cette somme on multipliera TL′ pour obtenir la surface, qui pour le cas présent sera trouvée de $15^{m},57$. On obtiendra d'une manière analogue la surface, en mètres carés, de la grand'voile et du tapecul. Celle du foc s'obtient en mesurant la plus courte distance du point d'écoute à l'envergure *s*F′, en la multipliant par *s*F′ et prenant la moitié du produit.

Détermination du centre de gravité de chaque voile. — Pour obtenir le centre de gravité des voiles, en prenant toujours la misaine pour exemple, on prendra le milieu *œ* de la diagonale TL′, on le joindra par des droites aux sommets opposés L et *u*. On prendra en *œ* le tiers d'une de ces droites, et on y fera passer *œ′œ″*, *ligne des centres,* qui est parallèle à *u*L. Sur cette ligne *œ′œ″*, on relèvera au compas la distance *œ′m*, comprise entre ses extrémités et la diagonale, on la portera en sens contraire, à partir du point *œ″*, et on aura le point O, centre de gravité de la misaine.

On fera les mêmes opérations pour la grand'voile et

le tapecul. Pour le foc, qui est un simple triangle, on joindra le milieu de la bordure par une droite dirigée du point de drisse S′, et portant une ouverture de compas égale aux deux tiers de cette droite, à compter du point S, le centre de gravité *f* sera déterminé. On arrive ainsi aux résultats suivants :

	Surfaces.		Centres.
Foc....................	$3^{m},78$	au point	*f*.
Misaine................	15,57	»	*a*.
Grand'voile............	17,81	»	*b*.
Tapecul................	6,45	»	*d*.
Somme............	43,61		

En comparant la surface totale de la voilure à celle du parallélogramme circonscrit, on verra si elle est convenable, c'est-à-dire si le canot est fortement voilé ou s'il l'est peu, ce qui permettra, suivant l'opinion qu'on aura conçue de sa stabilité, de diminuer ou d'augmenter modérément la surface de sa voilure. On peut le faire en abaissant ou en élevant un peu plus les vergues sur leurs mâts, en changeant leur apiquage.

Examinons d'abord si la surface de voilure est convenable. A cet effet il suffit d'établir le parallélogramme circonscrit à la flottaison et de diviser par ce parallélogramme la somme des surfaces exprimée plus haut.

	Bau.	Rectangle.
Longueur à la flottaison.	$8^{m},70 \times 2^{m},16 =$	18,8
Surfaces..............	$\dfrac{43,61}{18,8} = 2,3$	

Nous obtenons pour résultats 2 $\frac{5}{10}$ fois la surface du parallélogramme circonscrit. Si ce résultat nous satisfait, nous continuons à nous assurer que le centre d'effort de la voilure est placé convenablement, c'est-à-dire selon les règles générales décrites au Chapitre Ier.

Détermination du centre de voilure. — On peut obtenir ce centre de plusieurs manières, et nous allons employer celle qui nous paraît la plus simple.

Au point N, milieu de AE, on élève une perpendiculaire sur laquelle on mène des lignes partant des centres et coupant la perpendiculaire à angle droit.

La longueur de ces lignes mesurée à l'échelle du plan, étant multipliée par la surface de chaque voile correspondante, donnera les *moments* par rapport à la perpendiculaire N.

EXEMPLE.

		Distances.		Surfaces.		Moments.	
		m		m		m	
Grand'voile.	*bi* =	1,73	×	17,81	=	34,19	68m,89
Tapecul....	*do* =	5,36	×	6,45	=	34,70	
Misaine.....	*aj* =	1,92	×	15,57	=	29,89	49m,05
Foc	*fv* =	5,08	×	3,78	=	19,16	

Différence entre les moments arrière et avant. 19m,84

Divisant cette différence 19,84 par la somme des surfaces 43,61, on aura pour quotient 0,45 pour la distance du centre de voilure en arrière du milieu de l'embarcation. Il ne reste plus qu'à chercher la hauteur du point K au-dessus de la flottaison.

Il suffit pour cela d'estimer, toujours à l'échelle du

plan, les distances du centre de chaque voile à la lign de flottaison xx' et de les multiplier successivemen par la surface de chaque voile. Ces produits donneron les moments par rapport à la ligne horizontale.

EXEMPLE.

	Hauteurs.		Surfaces.		Moments.
	m		m		m
Grand'voile.....	*b* 2,95	×	17,81	=	52,53
Tapecul.........	*d* 2,20	×	6,45	=	14,19
Misaine.........	*a* 2,78	×	15,57	=	43,28
Foc............	*f* 1,75	×	3,78	=	6,61
			Total........		116,61

Divisant ensuite cette somme des moments 116,6 par celle des surfaces 43,61, on obtiendra 2,67 pou la hauteur du point K au-dessus de la ligne de flot taison.

Si la surface de voilure est convenable et si le centr en est bien placé, le dessin qu'on a fait devient défi nitif; c'est ce qui aura lieu dans le cas présent, où l voilure totale 43,61 dépasse un peu le double du rec tangle circonscrit 18,8, et où ce centre, élevé d $2^m,67$ au-dessus de la flottaison, est de 0,45 en arrièr du milieu du canot.

Voici le tableau dans lequel on pourrait inscrire l résultat des calculs qui précèdent :

ESPÈCE DES VOILES.	SURFACES.	DISTANCES à la perpendiculaire.	MOMENTS.	DISTANCES à l'horizontale.	MOMENTS.
Grand'voile.......	17,81	1,73	34,19	2,95	52,53
Tapecul	6,45	5,36	34,70	2,20	14,19
Misaine..........	15,57	1,92	29,89	2,78	15.57
Foc.............	3,78	5,08	19,16	1,75	3,78
TOTAUX...	43,61		19,84		116,61

SOLUTION... $\frac{19,84}{43,61} = 0,45$, $\frac{116,61}{43,61} = 2,67$.

Si, la surface de voilure étant convenable, son centre seul est mal placé, on verra s'il doit être descendu, transposé vers l'avant ou vers l'arrière, pour être bien placé. On modifiera les voiles en conséquence, soit en abaissant leurs formes sans changer leurs surfaces, soit en ôtant aux voiles de l'arrière ce qu'on ajouterait à celles de l'avant, et réciproquement selon le sens dans lequel le centre doit être placé.

S'il y a trop peu de voilure, mais que le centre en soit bien placé, on avisera à diminuer ou à augmenter à la fois toutes les voiles, de manière à ne pas changer le rapport actuel de leurs surfaces.

Enfin, si la surface et la position du centre de voilure tout à la fois n'étaient pas convenables, on modifierait la surface totale de manière à déplacer son centre en même temps qu'on changerait son étendue. Ainsi, pour haler le centre en arrière et diminuer la surface de voilure en même temps, on diminuerait la misaine et le foc seuls; pour augmenter la surface et haler le centre en arrière, on augmenterait la grand'-voile et le tapecul seuls, et ainsi de suite, en proportionnant les moyens au double but à atteindre, lequel consisterait à changer en même temps les surfaces et le rapport des voiles entre elles.

Lorsque après quelques tâtonnements on trouve un résultat satisfaisant, ce résultat est définitif. Ainsi chaque genre de voilure qu'on voudra donner à un canot fournira le sujet d'une étude analogue à celle dont le détail vient d'être donné.

TABLEAU SYNOPTIQUE

DE

LA VOILURE.

NUMÉROS des voilures.	RAPPORTS DE MATURE multipliés par le bau du canot.															POSITION DES MATS à partir de l'étrave. — Rapports multipliés par la longueur du canot.		
	Grand mât.	Mât de misaine.	Mât de tapecul.	Bout-dehors de foc.	Bout-dehors de tapecul.	Grande vergue ou taille-vent.	Vergue de misaine.	Vergue de tapecul.	Gui.	Corne de grand mât.	Corne de misaine.	Livarde de taille-vent.	Livarde de misaine.	Vergue de flèche.	Mât de hune.	Mât de misaine.	Grand mât.	Mât de tapecul.
1 Chaloupes	2,500	2,350	1,500	1,700	1,250	2,000	1,900	1,250	»	»	»	»	»	»	»	0,131	0,516	0,970
1 Canots 1re cat.	2,600	2,500	1,60	1,800	1,350	2,100	2,000	1,350	»	»	»	»	»	»	»	0,131	0,516	0,970
1 Canots 2e cat.	2,750	2,600	1,650	1,850	1,350	2,200	2,100	1,332	»	»	»	»	»	»	»	0,131	0,516	0,970
2	3,280	3,100	»	1,280	»	»	»	»	2,100	1,150	0,935	»	»	»	»	0,275	0,560	»
3	3,350	»	»	1,500	»	»	»	»	2,900	1,600	»	»	»	0,600	1,700	»	0,335	»
4	3,350	»	1,850	0,110	0,110	»	»	0,840	1,850	1,460	»	»	»	0,670	1,850	»	0,310	0,975
5	3,600	»	»	1,150	»	»	»	»	2,900	1,400	»	»	»	2,160	»	»	0,333	»
6	3,100	»	»	1,100	»	»	»	»	2,900	»	»	»	»	2,850	»	»	0,260	»
7	3,200	»	»	1,100	»	»	»	»	2,690	1,350	»	»	»	1,500	»	»	0,260	»
8	3,500	2,786	»	»	»	1,818	1,670	»	»	»	»	»	»	»	»	0,060	0,500	»
9	2,750	2,600	1,650	1,850	1,350	2,220	2,100	1,352	»	»	»	»	»	»	»	0,131	0,516	0,970
10	3,550	2,048	»	»	»	2,452	1,120	»	»	»	»	»	»	»	»	0,060	0,500	»
11	3,500	»	»	2,000	»	5,950	»	»	»	»	»	»	»	»	»	»	0,350	»
12	2,750	2,750	1,650	1,850	1,350	2,200	2,100	1,352	»	»	»	»	»	»	»	0,131	0,500	0,970
13	2,765	2,593	»	»	»	1,482	1,612	»	»	»	»	»	»	»	»	0,840	0,500	»
14	2,670	2,410	»	»	»	»	»	»	1,480	»	»	2,670	2,570	»	»	0,145	0,560	»
15	»	3,000	2,000	»	1,260	»	2,000	1,400	»	»	»	»	»	»	»	0,075	»	0,940
16	»	2,640	1,800	0,800	1,240	»	»	»	»	»	»	1,800	2,640	»	»	0,110	»	0,940
17	»	3,280	2,100	»	1,480	»	1,360	0,800	»	»	»	»	»	»	»	0,210	»	0,280
18	»	2,750	1,800	1,100	1,393	»	1,945	1,400	»	»	»	»	»	»	»	0,360	»	0,950
19	»	2,750	1,800	1,160	1,393	»	2,150	1,393	»	»	»	»	»	»	»	0,360	»	0,960
20	2,700	2,595	1,630	1,297	1,075	0,927	0,927	0,595	»	»	»	»	»	»	»	0,131	0,535	0,960
21	2,700	2,595	1,630	0,963	1,100	0,927	0,982	0,595	»	»	»	»	»	»	»	0,120	0,500	0,960
22	2,730	»	1,560	1,170	1,036	»	»	0,680	2,250	1,167	»	»	»	»	1,820	»	0,380	0,995
23	2,750	2,600	1,650	1,210	1,170	1,815	1,605	1,043	»	»	»	»	»	»	»	0,992	0,558	0,970
24	3,340	»	»	1,023	»	»	»	»	2,890	1,400	»	»	»	»	1,780	»	0,400	»
25	»	1,560	»	»	»	»	2,982	»	»	»	»	»	»	»	»	0,364	»	»
26	»	2,400	»	»	»	»	2,400	»	»	»	»	»	»	»	»	3,330	»	»
27	2,170	1,890	»	»	»	2,667	2,340	»	»	»	»	»	»	»	»	0,117	0,423	»
28	2,360	2,320	1,200	0,880	1,040	2,460	2,220	1,330	»	»	»	»	»	»	»	0,180	0,555	0,970
29	2,160	2,120	0,740	1,120	1,040	3,660	3,200	1,920	»	»	»	»	»	»	»	0,150	0,455	0,945
30	2,160	2,120	0,740	1,000	1,000	3,120	2,980	1,600	»	»	»	»	»	»	»	0,180	0,550	0,970

Nota. — A partir du n° 2, la longueur des bouts-dehors de focs n'est donnée qu'en dehors de l'étrave, excepté pour les nos 9 et 12, où ils vont éguilleter au mât de misaine, comme dans les embarcations du n° 1. La longueur des mâts de goëlette et côtre ne comptera que du capelage à l'emplanture. — Le n° 12 a la mâture du n° 9, excepté le mât de misaine qui est égal au grand mât. — Le n° 23 a la mâture du n° 1.

AIDE-MÉMOIRE

DE

VOILERIE.

Allure. — Manière d'aller, façon de marcher. L'allure d'un bâtiment est la direction de sa route par rapport au vent. On nomme aussi allure, l'orientement de la voilure nécessaire pour cette direction du vent, et on entend encore par allure le système de voilure approprié à cette direction. Il suit de là qu'il y a autant d'allures qu'il peut y avoir de systèmes de voilure ; mais on ne distingue ordinairement que quatre allures principales, qui sont : l'*allure du vent arrière*, l'*allure du grand largue*, l'*allure du largue*, et l'*allure du plus près*. — L'allure du *vent arrière* est celle où la direction du vent est parallèle à la direction de la quille ; dans ce cas l'orientement des voiles est perpendiculaire à la direction du vent ; dans les allures du *grand largue*, la direction de la route, qui est toujours indiquée par celle de la quille, fait avec celle du vent un angle de 135 degrés ou de 12 quarts. (En marine, l'angle de 11°15′ se nomme un quart.) Sous l'allure du *largue*, la direction de la quille et celle du vent font un angle de 90 degrés ou 8 quarts : la direction du vent est donc perpendiculaire à l'orientement. Enfin l'allure du *plus près* est celle qui suit le navire par les vents obliques, c'est la route qui l'approche le plus près possible de la direction du vent : dans ce cas, à bord des navires à voiles carrées, la direction de la quille fait avec celle du vent un angle d'environ 6 quarts.

Banc de traction, dit *banc Plomelle*. — Outil d'atelier destiné à souquer les cosses par leur étrangloir, dans les angles des voiles. Il sert en outre à d'autres travaux non moins importants. Ce banc date de 1854 à 1855 ; on en fait beaucoup usage dans les premiers ports (1).

Boire. — Réunir à zéro deux longueurs inégales assemblées par une couture. On peut boire $0^{m},02$ par mètre sans faire froncer la toile.

Boisson. — C'est la quantité de ralingue ou de toile qu'on fait disparaître en *buvant* dans la couture. Aujourd'hui la bonté des voiles auriques repose sur cette boisson combinée avec intelligence. Les voiliers inexpérimentés supposent que cette boisson donne du sac à la voile ; tout au contraire, elle l'aplanit et lui communique un mou destiné à remplacer avec avantage la tension naturelle de la toile qui empêche le vent de s'échapper de la voile après qu'il a produit son effet. Sans ce mou, la chute de la voile serait bridée, arquée et retarderait la marche de l'embarcation dans les allures du plus près.

---

(1) Les dimensions de ce banc se trouvent dans le *Manuel du voilier*.

Bonnettes. — Voiles légères qu'on établit en dehors des voiles majeures dans les routes largues, quand on veut offrir au vent une plus grande surface de toile. Elles se divisent en *bonnettes de hune, bonnettes de perroquet*, et *bonnettes basses*. Ces appellations sont tirées du nom des principales vergues supérieures auxquelles elles sont hissées. On les établit au moyen d'une pièce de bois nommée *bout-dehors* qui prolonge la vergue inférieure et qui glisse dans des colliers appelés *blins*. Ce fut au commencement du XVIIe siècle que les vaisseaux perfectionnés cherchèrent à présenter au vent une plus grande surface de voiles, afin d'acquérir le maximum de vitesse dont ils étaient susceptibles.

La chute en dedans des bonnettes hautes se règle sur la chute en dehors des huniers et des perroquets. Leur angle d'empointure d'en dedans doit être de 78 degrés, équivalent à une coupe d'envergure de $0^m,12$. Changer cette coupe, c'est amoindrir les bonnes qualités d'établissement qu'elle procure.

La bordure des bonnettes est parallèle à leur envergure.

Brigantine. — Voile enverguée sur la corne du mât d'*artimon*.

Cacatois. — Voile légère portée au-dessus du perroquet. La chute du cacatois est égale au guindant de la flèche du mât de perroquet.

Calandre. — Machine qui aplatit ou régularise toutes les aspérités des fils de la toile.

Les toiles à voiles *calandrées* durent moins au frottement, parce que les fils de chaîne sont étirés et déjà affaiblis.

Capelage. — Réunion des boucles des cordages appelés *haubans,* destinée à tenir les mâts en équilibre sur l'effort du vent. Un cordage appelé *balancine* est revêtu également d'un capelage qui le retient au bout de chaque vergue. On dit *de capelage en capelage* pour exprimer la longueur des vergues, moins les bouts ou la distance de *taquet en taquet.*

Chaîne. — Nom des fils disposés dans la longueur des pièces de toile.

Chute. — C'est le sens de la hauteur d'une voile. Dans les voiles carrées, ce sens est perpendiculaire aux bases de la voile ; dans les voiles auriques et latines, la chute est presque toujours oblique. On appelle *chute au carré,* dans les *basses voiles, huniers, perroquets* et *cacatois,* la distance de l'envergure à la bordure, quand cette dernière est coupée dans la direction des fils de trame, c'est-à-dire à droit fil. La *chute au fond* est la distance de l'envergure à la bordure échancrée. La *chute au point* diffère de la chute au carré par l'obliquité que les pointes font prendre aux extrémités latérales.

Le voilier ne doit jamais confondre ces deux chutes quand il a besoin de relever les dimensions de la voile. La somme totale du côté, ou la *chute totale,* comme la nomment quelques voiliers, exprime toujours cette chute au carré donnant la hauteur d'un triangle rectangle dont la base renferme le nombre de laizes. La direction de la coupe, qui est celle du côté, se nomme hypoténuse du triangle, ou son plus grand côté, qui ne figure jamais dans les mesures d'une voile carrée.

Clin foc. — Voile légère située à l'extrémité du bout-dehors de beaupré.

Contre-halée. — On nomme ainsi l'ensemble des laizes où les fils de trame ont cessé d'être perpendiculaires aux fils de chaîne. Une bordure ronde est contre-halée quand son allongement a lieu par la force de l'écoute et non par celle du vent agissant en même temps dans toute sa surface. On évite une déformation fâcheuse en ne bordant pas une voile au delà de certaines limites, indiquées ci-après au mot DÉFORMATION.

Corne. — Vergue appuyée au mât qui la porte par une mâchoire sur laquelle elle tourne. Les *brigantines* et voiles *goëlettes* sont enverguées sur cornes ; quelquefois leur envergure est mobile et court, comme sur la draille d'un foc, au moyen d'une tringle appelée *chemin de fer*.

Les voiles installées de la sorte orientent mal ; l'envergure prend toujours trop de mou et fait faire sac à la voile.

Coupe. — Ce mot a en voilerie plusieurs acceptions que nous avons données dans la *Méthode pratique de la coupe des voiles :* 1° *coupe au piquet* (*voir* ledit ouvrage, p. 54); 2° *coupe à la main* (p. 59); 3° *coupe à l'échelle* (p. 61). Cette dernière n'est connue en France que depuis 1854.

Couler. — Expression qui signifie introduire des

laizes dans le corps d'une voile séparée en deux ou trois parties.

Déformation. — Changement qu'éprouve une voile après quelque temps d'usage. Tout le talent du voilier se porte aujourd'hui à prévenir ce fâcheux effet par une confection habile. Mais celui qui fait établir des voiles devrait venir en aide aux efforts du voilier. Ces efforts ont pour but de tendre la diagonale d'écoute et de courber en arrière la chute de la voile, afin qu'elle se décharge par là. Si, après avoir coupé la voile pour obtenir ce résultat, on le contrarie par la manœuvre, il est clair qu'il doit échouer.

La déformation de la bordure des voiles courbes est causée par ceux qui les manœuvrent, et qui, tirant avec force sur des coupes en biais qui manquent de soutien, entraînent le point d'écoute de la voile au delà de son développement naturel et font disparaître le rond de bordure, le côté le plus gracieux, celui que le voilier a mis le plus de soin à bien établir et qui se trouve détruit en un moment.

Quand on borde une voile sur gui, on tend la bordure à plat *sans roideur*, et, là où arrive le point d'écoute, on fait son dormant, c'est-à-dire on l'y fixe provisoirement. L'usage, en allongeant les dimensions intérieures, amènera progressivement le dormant de l'écoute au bout du gui ; mais si l'on veut l'y amener tout de suite, on gâte la voile.

Nous conseillons donc de ne pas border une voile courbe avec la même force qu'on imprimerait à la voile plane, surtout lorsque le vent ne gonfle pas sa surface. *Aussitôt que vous voyez rire la ligne droite d'amure en écoute* d'un foc ou d'une bordure libre de brigantine ou voile goëlette, arrêtez la tension de l'écoute. Moins un foc courbe est bordé, plus il communique de vitesse à l'embarcation ; cette vitesse est plus sensible quand on choque l'écoute au moment de la risée. Il portera aussi plus près que le foc plan, et, dans un virement de bord, les autres voiles fasieront, tandis que lui, toujours gonflé, presque dans le lit du vent, favorisera l'action du gouvernail ; enfin il n'y a pas de barque à laquelle le foc courbe ne puisse donner les avantages d'une marche remarquable.

On peut prévenir l'allongement de l'envergure des voiles au moyen de lignes ou de ralingues tendues préalablement, et dans cet état de tension on y applique le bord de la gaîne de l'envergure, en le fixant par des points de repère ; alors on procède à coup sûr à la mise en place de ce soutien. Une faute très-commune consiste à tirer sur l'envergure jusqu'à ce qu'elle allonge au delà de ses dimensions, c'est-à-dire à *bloc* du taquet d'envergure. En procédant à la mise en place du soutien de l'envergure, ainsi que nous l'avons indiqué plus haut, on évitera cette faute qui contribue à détruire les formes gracieuses que la voilure pouvait avoir à son début, et qui n'est pas sans influence sur ses qualités nautiques.

Dynamomètre.— Instrument (système Perreaux) qui sert à constater la force des toiles dans les épreuves de *recette*.

On prend sur la pièce de toile soumise à l'examen des bandes de $0^m,05$ de largeur qui auront, pour la chaîne comme pour la trame, de $0^m,45$ à $0^m,50$ de longueur, de manière que la traction s'exerce effectivement sur 0m,40. Elles doivent présenter, au minimum, une résistance égale à celle qui est indiquée dans le cahier des charges.

Échelle de coupe. — Deux lignes gravées dans le plancher d'un atelier, écartées de 0m,60, sont divisées de mètre en mètre par des perpendiculaires transversales. Les numéros des mètres sont gravés en caractères bien visibles sur bois dur et incrustés dans le plancher. A chacune de ces extrémités, chaque ligne reçoit latéralement sur la longueur de son premier mètre une règle incrustée et divisée en centimètres. La plus grande longueur nécessaire ne dépasse pas 25 mètres (voir *Pl. I, fig.* 21, *Méthode pratique de la coupe des voiles*).

L'échelle de coupe n'est en usage dans nos voileries de la Marine impériale, que depuis 1854, époque à laquelle fut abolie la coupe à la main (règlement du 3 avril 1854, art. 9).

Étrangloir. — Cargue principale des voiles établies sur corne. Elle ramène la toile de la chute arrière sous la mâchoire. Filin en trois de premier brin, fait à la mécanique, et dont la grosseur est moitié de celle de la ralingue de chute (pour point d'écoute de hunier) et la longueur égale à six fois au moins le tour de la cosse. Un étrangloir trop fort empêche la cosse d'être bien assujettie dans le point de la voile (1).

---

(1) Les points d'écoute mal confectionnés ont pour cause l'emploi d'étrangloirs trop forts ou de cosses qui n'ont pas la cannelure assez profonde. Le *Manuel du voilier* offre un tableau

Filière de ris. — Cordes qui sont tendues sur les ris des voiles carrées passant d'un œillet à l'autre, et qui servent à prendre les ris à la Belleguic.

Ces filières ont subi plusieurs modifications depuis l'invention de ce système de ris, et, bien que ce soit plutôt une affaire de matelotage que de voilure, les voiliers s'en sont activement occupés. Pour notre compte, nous avons essayé un mode connu sous la dénomination de *filières à tours morts*. Ce fut en 1856 que des essais comparatifs furent ordonnés par Son Exc. le Ministre de la Marine sur un certain nombre de navires de Brest et de Toulon, et en 1859, cette filière proposée par nous fut publiée dans le *Manuel du voilier*.

Flèche. — Abréviation de *flèche-en-cul*, nom de la voile aurique et légère qu'on porte en dessus des brigantines et des goëlettes. C'est la voile la plus difficile à bien faire établir. Le voilier qui du premier coup réussit cette voile doit passer pour un excellent voilier.

On nomme *flèche* le plus grand écartement d'une courbe et de sa corde. On donne aujourd'hui des flèches ayant du vingtième au quinzième de l'envergure, dans les focs des navires de la flotte; ces voiles portent parfaitement au plus près, quand elles sont bien taillées. Cette flèche est même augmentée sur les

---

des cosses de points, en raison des étrangloirs prescrits à l'article CONFECTION; mais il ne faut pas toujours prendre ces dimensions à la lettre, quand, d'un autre côté, on néglige de consulter le tableau des cosses.

petits navires, en raison de l'inclinaison de leurs drailles vers l'horizon. Dans les avisos, les cutters et les goëlettes, les flèches ont du dixième au septième de la draille, et même plus dans les voiles des navires du commerce. Un capitaine trouvera toujours son intérêt à posséder une voile qui augmente la vitesse de son navire; il ne regardera pas si, dans le calme, son foc ne fait pas la planche; il sait d'avance que sa voile exposée au vent développera une surface plus grande (avec mêmes points d'attache), qui, en le halant davantage, soulagera l'avant de son navire.

En effet, remarquez la draille d'un foc courbe : elle s'enlève au lieu de se porter sous le vent, comme celle d'un foc plan; le bout-dehors de foc force plus sur sa martingale que sur ses haubans, et la tête du mât appuie plus les galaubans de l'arrière que ceux du travers. Donc le foc courbe tend à diminuer la rudesse du tangage.

Le voilier qui détruit cette courbure de draille, pour le seul motif de se rapprocher du foc plan, rend un mauvais service au navire et perd sa voile.

La forme du foc plan est l'enfance de la coupe; son exécution réclame beaucoup moins d'intelligence que celle du foc courbe. Pourquoi, dès lors, le voilier chercherait-il à surmonter des difficultés, si les résultats obtenus ne valent pas mieux que ce qui existait autrefois? Dans la Marine anglaise, le foc courbe existe de temps immémorial, et, bien que l'introduction de cette voile dans la Marine impériale soit encore récente, nous espérons qu'elle a été déjà assez expérimentée pour que bientôt la généralité des marins l'apprécie à sa juste valeur. Quant à l'exécution de la coupe, nous avons mis tous nos efforts à la rendre facile à tous les voiliers.

Foc. — Nom générique des voiles triangulaires non enverguées, plus spécialement applicable à celles qui amurent sur le beaupré. Pour les distinguer entre eux, on a donné aux focs des noms particuliers. Ce sont : 1° le *clin-foc*, le plus en dehors de tous, et dont la draille part du capelage de petit perroquet; 2° le *grand foc*, dont la draille part des barres de petit perroquet; 3° le *petit foc*, dont la draille part aussi des barres, mais dont l'amure est sur le bas mât de beaupré; 4° la *trinquette*, dont la draille part du capelage de misaine, et dont l'amure est sur l'étrave.

Garcette. — Tresse plus ou moins longue qui sert à prendre les ris à l'ancienne.

Chez nous, le ris Belleguic a supprimé les garcettes : elles sont remplacées par un système de filières et d'autres accessoires dont le poids n'est guère que le quart de celui des garcettes. Les nations maritimes ont presque toutes adopté ce système, dont l'exposition se trouve au mot Ris.

Genope. — Amarrage qu'on fait sur deux filins pour les fixer l'un contre l'autre si étroitement, qu'ils ne puissent glisser l'un sur l'autre ni se séparer. Nous avons recommandé, dans les genopes faites sur la filière de ris *à tour mort*, de passer les premiers tours de cette genope entre les torons des deux filins. On ouvre à cet effet les torons avec le poinçon du voilier.

Hunier. — Voile carrée portée sur les mâts de hune, et bordant au bout des basses vergues. On les nomme, du nom de leur mât, *grand hunier, petit hunier, hunier d'artimon*. Ce dernier portait autrefois le nom de *perroquet de fougue*.

Le hunier est la voile la plus compliquée dans sa confection, et, pour aider la mémoire du voilier, nous lui rappellerons ici quelques règles.

Ces règles, qui sont celles des arsenaux, s'appliquent à tous les huniers réglementaires (*voir* plus bas JEUX GRADUÉS).

1° L'espace occupé par les ris est égal au $\frac{45}{100}$ de la chute au carré.

2° Le tablier de la voile occupe en hauteur les $\frac{55}{100}$ de la chute au carré, moins la flèche du fond; sa base inférieure le $\frac{1}{3}$ de la bordure, et la base supérieure $\frac{1}{6}$. Sa forme est celle du trapèze régulier. Selon la grandeur de ce doublage, une ou deux laizes du milieu montent jusqu'à l'envergure.

3° Pour la pose des bandes de ris, le voilier ne doit pas oublier de laisser du mou dans la bande, dans le sens de la largeur. Les fils de chaîne de la voile allongent par l'usage, ceux de la trame des bandes n'allongent pas; si donc ils étaient tendus, leur résistance s'opposerait à l'allongement des chutes de la voile dont ils porteraient tout le poids.

4° Pose dans la toile des cosses de toute sorte. Le trou qui doit former œil est alors ralingué avec l'*étrangloir*. On place le milieu de l'étrangloir en regard de la fente d'entrée, puis on ralingue avec soin à droite et à gauche jusqu'à reprendre les bords. Ce ralingage est fait à points croisés, avec l'aiguille à voile qui n'a que deux fils et passe deux fois dans le même trou. On obtiendrait moins de solidité si on employait l'aiguille à quatre fils. Quand la ralingue est achevée, on la recouvre avec une basane mince corroyée à l'huile et cousue à points piqués.

Après avoir souqué la cosse, on fait, avec les bouts restants de l'étrangloir, une tresse plate, bien nourrie, appelée *queue,* que l'on allonge fortement au banc de traction. Ensuite on la dirige obliquement vers le bord de la voile, soit sur le côté de bordure pour *un point d'écoute,* soit sur le côté de chute pour une *cosse d'empointure. Jamais on ne doit diviser la tresse en deux,* si ce n'est pour les points de basses voiles, où la chute fatigue davantage en amurant. Dans le hunier, toute la force de l'étrangloir doit être conservée pour soutenir la toile contre les efforts énergiques de la bordure. Tout marin comprendra cette observation.

5° Œillets de ris. C'est depuis 1854 que les œillets de ris sont placés à 3 centimètres des coutures. Les bagues qui servent aux œillets de ris sont de petits erseaux en filin ayant un diamètre intérieur de 0m,025 à 0m,030.

On doit se rappeler aussi que le battage des ris est un moyen d'accélérer la besogne; on supporte ainsi moins longtemps un lourd volume de toile roulé sur les genoux. A cet effet, on emploie autant d'ouvriers qu'il y a de coutures dans la voile. Le pied de chaque banc fait tête vis-à-vis de la couture. L'ouvrier s'assoit sur le bout, le corps et la jambe gauche un peu effacés, pour ne pas gêner le mouvement de son voisin de gauche. Il place ensuite la partie roulée de la voile sur le genou droit, saisit son aiguille, et dans cette attitude attend, pour commencer l'action, que la bande de ris soit roidie par ses extrémités.

Avec ce procédé, la besogne va beaucoup plus vite, l'ouvrier est moins fatigué, n'ayant que deux œillets à confectionner, au lieu de six à huit dans l'ancien mode.

Jeux gradués (*Voiles en*). — Séries de voiles dont chacune est destinée à plusieurs usages et peut passer d'un navire à un autre, suivant la destination qu'elle reçoit. On peut obtenir de la sorte uniformité et économie dans le service.

Aujourd'hui, dans tous les arsenaux, les *huniers, perroquets, cacatois* et *bonnettes hautes* sont désignés, pour chaque mât, selon le rang du navire, d'après les numéros suivants :

Grand Mât.	Mât de misaine.	Mât d'artimon.
1	4	8
2	5	9
3	6	10
4	7	11
5	8	12
6	9	13
7	10	14
9	12	16
10	13	17
11	14	18
13	16	18
14	16	18
14	17	20
13	15	»
15	17	»
16	18	»
17	19	»

Jottereaux. — Forts placages en bois, tribord et bâbord des bas mâts, pour supporter les élongis et résister à l'effort des capelages. Le voilier doit se rappeler, dans le tracé d'un plan de voilure, que le point de suspension des basses vergues se place ordinairement à la naissance des jottereaux, c'est-à-dire que la partie supérieure de la basse vergue correspond à la partie inférieure des jottereaux. La longueur des jottereaux, d'après la mâture actuelle, est égale à $\frac{1}{10}$ de la longueur du mât de hune correspondant.

Laize ou **lé.** — Toile en pièce. La marine emploie des toiles diverses et dont la laize a des largeurs différentes; mais pour les voiles des navires, on emploie généralement la laize de $0^{m},57$.

Lis (1) **du vent.** — Synonyme de *petit côté* d'une laize mise en place dans une voile aurique ou latine. On dit aussi *lis avant,* pour exprimer l'opposé de *lis arrière,* que nous appelons *grand côté.* Cette appellation de *lis du vent*, qui a donné lieu à des observations parmi les hommes pratiques, est empruntée à la situation dans laquelle se trouve établi le point d'amure des voiles précitées.

En effet, ces voiles, dont l'amure est toujours au vent, ont suggéré l'idée d'appeler *lis du vent* le petit côté des laizes situé dans cette direction.

Quant à la dénomination de *petit* et *grand* côté, nous savons qu'elle n'est pas toujours vraie; mais nous avons voulu éviter des exceptions, d'autant plus que les cas cités sont rares, et qu'on ne peut jamais commettre d'erreurs à ce sujet : le tableau de coupe indique toujours à l'avance le côté de laize qu'on doit porter sur l'échelle pour être coupé.

---

(1) Bord de la laize d'une toile à voile. Synonyme de *lisière*.

Ainsi ces jeux de mots : *lis avant* pour *lis du vent* et *lis arrière* pour *grand côté,* n'ont aucun caractère *sérieux* qui doive arrêter l'attention du lecteur.

Machine à coudre. — Appelée vulgairement *couseuse* et d'origine américaine, cette machine peut être un accessoire fort utile pour la confection de menus objets de voilerie non exposés à la pression du vent, tels que tentes de canots, étuis de tous genres, capots, prélarts, rideaux, fronteaux, hamacs, jarretières, etc. Mais il faut bien admettre que la plupart de ces objets ne pourront être entièrement terminés sans le secours de l'ouvrier.

Pour la voilure exposée aux frottements des cargues et des mâts, on n'admettrait pas la couture de la couseuse : un seul point de sa chaînette venant à manquer ferait démailler tous les autres.

Cette remarque nous frappa en 1862, la première fois que nous vîmes fonctionner cette ingénieuse machine dont l'usage devra être très-avantageux pour les tailleurs, les selliers et autres artisans.

Mou. — Différence entre la longueur de deux toiles qu'assemble une même couture.

Le mou donné aux laizes d'une voile produit trois effets : le premier est d'allonger un peu la laize qui le reçoit ; le second est de boire dans le lis du vent et de courber en arrière son grand côté, de telle sorte que dans la couture exposée au vent une seule toile fatigue et s'allonge, l'autre (la laize qui renferme le mou) se bornant à reprendre sa longueur naturelle au fur et à mesure de cet allongement ; enfin le troisième effet du mou, et le plus important, est d'*agir sur toutes les laizes qui suivent celle qui l'a reçu.* En effet, le mou qui allonge de $0^m,02$ par mètre, par exemple, une certaine laize, lui donne un grand côté supérieur de $0^m,02$ à ce qu'il aurait été sans mou. Or, ce grand côté allongé mesure le lis du vent de la laize suivante. Donc cette laize est allongée par le seul fait du mou donné à la précédente, et sans qu'il soit besoin de lui en donner un autre à elle-même. Si elle en reçoit un, elle aura un allongement composé de deux autres, son propre *mou* d'une part, et de l'autre le *mou précédent.* Ce que nous disons ici de cette laize, il faut le dire de toutes les autres, de sorte que si, à partir d'un certain endroit de la vergue, on commence à donner de légers mous à toutes les laizes, chacune d'elles aura, par le fait, un allongement total *égal à la somme des mous précédents, le sien compris.* (*Voir* APPLICATION DES MOUS, *Manuel du Voilier*, p. 87.)

Nous donnons de $0^m,015$ à $0^m,020$ par mètre de mou à boire; les expériences réitérées que nous avons faites à ce sujet nous y autorisent. Nous pourrions même dépasser cette limite, si dans nos usages on employait la couture à *point de bout,* comme on le fait en Angleterre. Il est évident que la construction du *point broché,* employé dans la couture des voiles à mous, contrarie l'allongement du tissu; aussi engageons-nous les voiliers à ne pas trop souquer ce point et à moins l'allonger, c'est-à-dire à le diriger le plus obliquement possible, afin de le rapprocher un peu du *point de bout.*

Nerf. — Ligne passée en coulisse dans la gaîne de chute arrière d'une voile quelconque de canot.

Perroquet. — Voile carrée qui s'établit au-dessus des *huniers :* celui de grand mât s'appelle *grand perroquet;* celui du mât de misaine, *petit perroquet;* celui d'artimon s'appelle *perruche.*

Le perroquet a pour *guindant* la longueur du mât de perroquet, compris de la caisse au capelage, plus les $\frac{3}{100}$ de cette quantité.

Point. — Synonyme d'*angle,* pour les voiles. Ce nom est une abréviation de *point d'attache,* parce qu'effectivement les angles des voiles sont les principaux points d'attache où s'exerce une force énergique. Le point d'écoute actuel des voiles carrées a été réglementé en 1854. Ce point vient parfaitement à l'appel de la basse vergue, et par conséquent n'ôte rien à la chute ni à la bordure du hunier. Les ralingues s'écartent librement et développent l'angle de la voile le plus grand possible. Les ralingues ne sont plus cassées ni étranglées par les amarrages, leurs torons travaillent tous ensemble également, de sorte que, la force entière du filin étant employée, on a pu en réduire considérablement la grosseur et pourtant éviter les avaries. (Voir l'*Historique des innovations qui ont été introduites dans la confection des voiles,* Manuel du Voilier, chap. IV, p. 291.)

Point de couture. — Il y a trois sortes de points : 1° le point *broché;* 2° le point *piqué;* 3° le point *de bout.*

Le point *broché* sert à assembler et à rabattre les laizes. Le voilier doit éviter, comme nous l'avons déjà recommandé au mot Mou, de le faire en ligne droite ; car non-seulement ce point contrarierait l'action des mous, mais il serait encore exposé à rompre par suite de l'allongement de la toile (allongement moyen de $0^m,03$ par mètre); il faut donc incliner un peu le point et ne pas le *souquer*. Ceci s'applique aux coutures des chaînes; mais sur les coutures faites dans le sens des trames, celles des *écarts*, on peut faire le point plus droit.

Le point *piqué* sert à la pose des doublages, renforts et bandes de ris.

Le point *de bout* s'emploie pour des objets de voilerie tels que manches à eau. Dans les écarts sous bande et quelquefois pour les dernières laizes d'une voile courbe à laquelle on a voulu donner plus de mou qu'à l'ordinaire, ce genre de point est toujours piqué perpendiculairement à la toile, et son inclinaison vient de la distance qui existe entre chacun d'eux.

La pose des relingues se fait au moyen d'une espèce de couture qui ressemble au point de bout. Ce travail réclame du voilier plus d'adresse que de force, et le résultat dépend tout entier de la manière dont l'aiguille est dirigée.

Lorsque la ralingue doit avoir la même longueur que la toile (les extrémités latérales d'une voile), on dit qu'il faut *ralinguer juste* ou *pousser droit*, parce qu'alors l'aiguille est poussée perpendiculairement à la toile. Quand la ralingue est plus courte que la toile (bordures droites ou échancrées), le voilier est obligé d'introduire entre les torons du filin une partie de la toile en excès : cela s'appelle *boire de la toile;* et comme, pour arriver à ce résultat, il dirige l'aiguille vers la droite, on dit *pousser en avant*. Quand la ralingue est plus longue que la toile (bordures rondes), l'inverse a lieu ; et comme l'ouvrier est obligé de pousser l'aiguille vers la gauche, c'est-à-dire en arrière, il dit qu'il *fait boire de la ralingue*.

Ralinguer juste est une opération que tout voilier attentif peut faire ; mais pousser en avant, en arrière, et combiner convenablement la *boisson* de la toile ou celle de la ralingue, exige de la part de l'ouvrier une grande habitude et beaucoup d'adresse ; aucune règle écrite ne peut être donnée à cet égard.

Portugaise. — Nom d'un amarrage croisé où la ligne fait à chaque passe des tours alternatifs complets, en passant par des œillets, autour des deux filins qu'elle relie. La portugaise s'emploie dans les points coudés où la cosse est placée dans la toile, points d'écoute, de huniers, de basses voiles, etc. Nous avons appliqué ce genre d'amarrage dans le point des voiles depuis 1844 (1).

Queue (*Voile à*). — Voile mal faite et où la différence entre la bordure et l'envergure n'est pas ce qu'elle doit être, c'est-à-dire où la chute incline au delà de 25 degrés par rapport à la verticale.

Rocambeau. — Cercle en fer assez large pour courir librement sur un mât, et qui porte un croc sur lequel on accroche une vergue ou un point de voile fixé sur un *gui*.

Nous conseillons de maintenir toujours l'usage du rocambeau dans les voiles de goëlette et de cutter

(1) A bord de la frégate *la Charte* dans les mers du Sud.

bordant sur gui, afin de pouvoir plus facilement *mollir* ces bordures, quand la toile vient à se raccourcir par l'effet de l'humidité ou du froid. Il faut éviter une tension qui force le tissu à se prêter trop tôt dans le sens de la bordure, et qui détruit, comme nous l'avons déjà dit au mot DÉFORMATION, la courbure du fond qu'on aime à voir dépasser en dessous du gui. Laissons au vent le soin des allongements futurs dont toutes les voiles sont susceptibles, selon la nature de leur tissu.

Sac. — Une voile *fait sac* quand elle se bombe, moins par l'effet du vent que par sa forme naturelle. Cela vient de la manière dont les ralingues sont posées.

Autrefois on reprochait ce défaut à nos voiles; mais aujourd'hui, grâce à une habile confection, notre voilure offre un type de bonté remarquable.

Tableau de coupe. — Réunion de chiffres ou assemblage d'éléments nécessaires à la coupe d'une voile par l'*échelle de coupe*.

Le tableau de coupe n'est en usage en France que depuis 1853 ou 1854.

Tableaux de coupes. — Classement de coupes dans un sens vertical pouvant servir immédiatement à la coupe d'une voile, par la *méthode de coupe à la main*. Ce sont les éléments des calculs qui servent à la formation du *tableau de coupe* proprement dit, différant de celui-ci par la disposition horizontale donnée aux mêmes chiffres.

L'aspect de ces deux genres de tableaux diffère donc essentiellement; ils ne peuvent être pris l'un pour l'autre, malgré la similitude de leur appellation.

Tables de coupe. — Réseau formé de traits se coupant à angles droits. Les lignes horizontales sont séparées par un intervalle de 50 centimètres à l'échelle adoptée, et les lignes verticales ont pour distance entre elles la longueur réduite d'une laize de 0m,54 ou de 0m,51, selon qu'il s'agit de coupe de voiles planes ou de voiles courbes.

La simplicité de cette méthode a permis à beaucoup de praticiens de comprendre la nouvelle coupe des voiles, qu'ils n'osaient aborder par le calcul. L'introduction des mous dans les voiles leur semblait aussi un problème difficile à résoudre, au point de leur inspirer l'idée fâcheuse de les rejeter comme étant nuisibles à la bonne confection des voiles. Aujourd'hui, grâce au tracé graphique des tables de coupe, les mous sont parfaitement compris par les voiliers, même les moins habiles.

A propos des mous figurés dans nos Tables de coupe, nous rappellerons aux personnes intéressées dans la question que, dans les voiles auriques, la *coupe totale* de la vergue étant destinée à fournir, soit en totalité, soit en partie, la somme des mous à répartir dans les coutures de la vergue, s'il arrivait que cette somme fît défaut, comme dans la voilure des canots nos **17**, **20** et **21**, *Pl. I*, on aurait recours à la somme totale des coupes de bordure, particularité que nous avons déjà signalée dans notre *Méthode pratique de la coupe*, p. 133.

Mais si, dans le cas contraire, la somme des coupes de la vergue suffisait, ou si même, par un fort apiquage, elle était plus que suffisante aux mous, on répartirait ceux-ci dans toutes les *laizes de l'envergure*, pour que la *courbe des abaissements*, qui sert à guider le parallélisme de la coupe de l'envergure, n'amenât pas un rond trop prononcé; par exemple, si la courbe ON, *Pl. II, fig.* 17 (*Méthode pratique de la coupe des voiles*), au lieu de s'arrêter en N, continuait jusqu'en C, cette flèche de courbure de OC se reproduirait exactement de B″ en C, par la réunion des bouts de chaque laize coupés parallèlement à la courbe OC. Il n'y aurait pas à craindre trop de flèche d'envergure, pourvu qu'on ne répandît les mous que dans quelques laizes voisines de la chute, si la voile avait peu d'apiquage et une somme de mous relativement faible.

Nous adressons cette observation spécialement aux personnes qui feraient usage de notre méthode de coupe par les Tables.

Ton. — Partie du mât située au-dessus du capelage, et qui sert à porter le chouquet pour le passage du mât suivant.

Tordre. — Tourner de biais en serrant les hélices d'un cordage raccourci de façon à devenir élastique.

Tourmentin. — Voile de mauvais temps, synonyme de *trinquette.*

Trame. — C'est le nom des fils qui, dans la toile, sont tissés en travers des chaînes, c'est-à-dire en travers de la longueur des pièces.

Dans une toile à voile bien tissée, il faut que cette perpendicularité de la trame sur la chaîne soit bien observée. Si la trame, au lieu d'être droite, affecte une certaine courbure, elle indique que la calandre a pressé trop fortement le tissu, fatigué les chaînes et compromis la durée de la toile. En effet, assemblez deux laizes par une couture, la laize calandrée, qui a déjà éprouvé un certain allongement, manquera la première dans la voile, tandis que l'autre ne fera que subir son allongement naturel.

En épatant ainsi les grosses trames, on espère masquer les clairières qui proviennent de la finesse et de l'irrégularité des chaînes. Mais si l'observateur place la toile entre lui et la lumière, il en reconnaîtra les défauts. S'il examine ensuite, par le même procédé, une toile tissée avec des fils d'une égale grosseur, il remarquera des jours réguliers infiniment plus petits. Cette toile, peut-être, ne plaira pas autant au toucher, elle sera rude et grenue, mais en revanche elle sera souple *dans les deux sens, plus forte en chaîne,* et moins susceptible d'allongement. (*Voir*, à ce sujet, l'Appendice du *Manuel du Voilier.*)

Transformation. — Changement qu'on fait éprouver aux dimensions d'une voile. La transformation est une branche importante de l'art du voilier; elle exige presque toujours de l'intelligence et du savoir, que l'on ne peut acquérir ailleurs que dans les ateliers.

Triangle de coupe. — Portion de surface où les fils de trame sont entamés. Le triangle de coupe est toujours rectangle, puisque les chaînes sont perpendiculaires entre elles.

La hauteur du triangle de coupe s'appelle *coupe* ou *hauteur de coupe,* sa base est le droit fil de la toile.

Trinquette. — Voile triangulaire qui s'établit sur draille; elle sert de voile de cape, entre la tête du mât de misaine et l'étrave.

Videlle. — Sorte de reprise à fils croisés qu'on fait sur un commencement de déchirure. Une videlle faite à temps évite une grande avarie dans la voile.

Voilerie. — Atelier où l'on fait les voiles. Parmi les ateliers de voilerie de la Marine impériale, nous citerons particulièrement celui du port de Brest, vaste parallélogramme de 120 mètres de long sur 14 mètres de large, garni de colonnes en chêne espacées symétriquement : on peut, à l'aide de ces points d'attache, palanquer les ralingues des voiles dans tous les sens, et, au moyen des retours des garants de palans, conduits à des treuils fixés à proximité, on imprime aux filins une tension considérable avec peu de bras.

Il est d'ailleurs parfaitement outillé, ce qui permet d'y faire beaucoup plus de besogne qu'autrefois.

Les nouvelles installations, y compris celles que motive l'hygiène, ont été créées en 1862 par le vice-amiral Pellion, préfet maritime.

Voilier. — Littéralement, ouvrier qui fait les voiles. Ce mot, pris dans un sens plus étroit, désigne un homme expérimenté dans l'art de la voilerie, capable de tracer, de calculer, de transformer et de réparer toute espèce de voiles, c'est-à-dire un voilier consommé. Par contre, les simples ouvriers s'appellent *ouvriers voiliers*; ils doivent savoir coudre, ralinguer et confectionner les voiles, c'est-à-dire leur appliquer les renforts, doublages, etc.; sans ces connaissances premières du métier, ils ne pourraient prétendre à la qualification d'*ouvriers*.

L'art du voilier ne serait plus aujourd'hui qu'un métier, si tout ce qu'il prescrit était exécuté par le coupeur de voiles ; mais comme les praticiens ne sont pas toujours d'accord sur les meilleures formes à donner aux voiles, il règne encore une grande diversité de méthodes et d'opinions au sujet de la coupe de ces surfaces : elle tend à disparaître naturellement, à mesure que l'instruction se propage.

Il est évident que, depuis 1854, nous cherchons à imiter la méthode de coupe anglaise, et les progrès que nous faisons chaque jour dans le perfectionnement de notre voilure, en suivant cette voie, nous prouvent combien nous étions en retard. Il serait donc à désirer, dans l'intérêt général, que les voiliers s'unissent d'un commun accord pour adopter une méthode de coupe qui semble bien supérieure à celle que nous avons pratiquée jusqu'à ce jour.

Il n'est pas facile d'inventer des méthodes, mais on peut étudier celles qui existent de temps immémorial chez un peuple essentiellement marin, et prendre là son point de départ, sans quoi l'instruction serait faussée et l'on ne saurait plus à quelle méthode donner la préférence. A ce sujet nous allons signaler une erreur assez accréditée qui pourrait avoir des conséquences fâcheuses pour la confection des voiles auriques.

En étudiant l'effet du vent sur une voile plane à côtés droits et à coutures égales, nous avons remarqué que la décharge du vent s'effectuait par le bas de la voile et non par la chute arrière. Les voiles à *cou-*

tures forcées, sans mous, perdent elles-mêmes leur vent par la bordure (1).

Les coutures forcées ne sont pas destinées à faire décharger le trop-plein d'une voile par la chute arrière, elles ne sont employées que pour maintenir les courbures extérieures de la bordure et de l'envergure des voiles et apporter une certaine ampleur dans les droits fils, afin de combattre leur retrait (on sait que la toile se rétrécit par l'usage, à mesure que l'allongement des chaînes se produit). C'est pour cette raison que nous imitons les façons anglaises, en donnant au triangle de pointe des élargissements de coutures forcées vers le bas et régulières à de certaines hauteurs progressives. De plus, nous donnons à la chute au mât une forme très-arrondie. Voici pourquoi :

Dans une voile aurique établie au plus près du vent, selon les idées que nous nous sommes formées à la suite d'études pratiques, il s'établit deux forces : l'une favorable, l'autre défavorable à la marche. Si le gonflement de la voile est plus prononcé à l'endroit où le vent frappe directement, la voile sera défectueuse et portera à la dérive parce que l'obliquité du vent l'atteindra dans son centre ou plus en arrière encore. Mais si ce gonflement se produit en avant du milieu, c'est-à-dire au vent du point où la voile est frappée, la courbure sera favorable et poussera en avant.

Observez ce qui se passe dans le foc courbe; sa courbure d'envergure se gonfle en avant de sa draille, et pourtant le vent frappe directement dans les laizes

---

(1) *Voir* la note de la page 273 du *Manuel du Voilier.*

arrière de la chute. On sait que le foc courbe est une voile de marche. Par conséquent, le mât d'une brigantine, par exemple, ne peut-il pas être comparé à la draille de ce foc? n'est-il pas, comme elle, situé dans le sens longitudinal du navire? et la *courbure verticale* qui se forme immédiatement en *arrière du mât* de la voile ne tend-elle pas plus à pousser que si elle était fixée plus en arrière, précisément dans le lis du vent? Or, plus un mât est incliné à l'horizon, semblable à la draille d'un foc, et plus la courbure de la voile sera rapprochée de son mât, plus elle sera favorable à la marche. N'est-ce pas ce qui se passe dans les voiles de goëlettes des Américains, dont la mâture est si inclinée? On pourrait donc conclure de là *qu'une courbure verticale située vers le mât d'une voile aurique sera favorable à la marche au plus près, autant qu'elle sera nuisible quand elle s'établira dans les dernières laizes de la chute*. Nous avons démontré (*Pl.* des embarcations, *fig.* 2) la nature des courbes verticales produites par l'effet du vent, lesquelles donnent des résultats diamétralement opposés.

Si ce raisonnement est juste, il n'est pas rationnel que le triangle de pointe d'une voile aurique soit privé de coutures forcées et d'une courbure de chute de mât, dans le but de l'*aplanir*, comme le supposent quelques praticiens. De même, on ne pourrait admettre que ces recouvrements forcés soient proportionnés à la grandeur des surfaces.

Le recouvrement de coutures forcées dans la méthode anglaise doit être réparti dans toutes les laizes de la bordure; il doit être de plus en plus fort dans le triangle de pointe, à mesure que la coupe augmente. Ces recouvrements sont fixés par le diviseur des droits fils qui a produit le nombre de laizes de la voile. Si ce diviseur est $0^m,51$, par exemple (largeur de la laize réduite), la somme totale de ces élargissements naîtra du nombre de laizes même multiplié par la différence de $0^m,57$ (largeur totale de la laize) à $0^m,51$; la répartition progressive de cette somme amènera des recouvrements moyens aussi forts dans les voiles de petites dimensions que dans celles de plus grandes, attendu qu'ils ressortent d'une largeur égale de laize. On suppose en outre que des coutures forcées de la sorte donneraient à la voile la ressemblance d'une calotte sphérique. C'est là une erreur qu'il est bon de détruire avant qu'elle ait pris racine.

Si les mous ne contribuaient pas largement à effacer l'ampleur que donneraient à la voile des coutures forcées de $0^m,06$ à $0^m,12$, le second raccourcissement de la diagonale d'écoute suffirait quelquefois pour aplanir la voile et la rendre convenable. C'est ce qui se pratique aujourd'hui et qui est en quelque sorte le secret de la coupe (1) vulgarisé dans notre *Méthode pratique*, p. 54, *Pl. I, fig.* 18, ou p. 120, *Pl. II, fig.* 16 (*Applications*).

De semblables procédés, mis à la portée de toutes les intelligences, nous permettent de démontrer à nos

---

(1) Dans le *Manuel du Voilier* publié en 1859, question 106, p. 203, *Pl. III, fig.* 64, on trouve la définition mathématique du raccourcissement de la diagonale d'écoute, déduite du plan réduit de la voile : c'est celui que nous nommons ici *second raccourcissement*.

élèves une coupe de voile dont l'exécution leur est confiée, et dès que les laizes provenant de la coupe sont assemblées par les coutures, nous les étendons sur le plancher de la salle, et là nous les trouvons aussi planes dans toute leur surface que la voile de ce nom. Leurs courbures extérieures se manifestent dans les quatre côtés ; c'est de là que leur vient le nom de *voiles courbes,* et non pas d'une *courbure sphérique,* comme on le suppose. Aussi en résulte-t-il que ces voiles exposées aux vents obliques sont planes dans leur milieu, molles dans leur chute arrière et un peu gonflées en arrière du mât, pour les raisons que nous avons exprimées plus haut. De là nous déduisons des règles qui fixent les idées du lecteur d'une façon certaine.

AVIS

A MESSIEURS LES MEMBRES DU CERCLE DES RÉGATES PARISIENNES ET AUTRES.

Paris renferme un grand nombre d'amateurs de canots de plaisance dont la construction américaine à fond plat, avec dérive ou quille mobile, que l'on abaisse au plus près du vent, dans le genre calédonien, réclame une voilure en rapport à leurs façons disposées pour la marche.

Jusqu'à ce jour, les voiles planes à côtés droits et à coutures régulières lacées sur bômes ou guis, dans le but de les aplanir davantage, ont semblé préférables pour piquer dans le vent; mais selon l'effet que produit ce dernier sur des voiles orientées *au plus près,* ce mode de confection ne semblerait pas offrir le moyen d'atteindre, sous cette allure, le maximum de vitesse dont ces embarcations sont susceptibles pour lutter avantageusement avec les marcheurs anglais.

En effet, des voiles aussi tendues et remplies de fausses coutures (1) ressemblent à une réunion de planches se mouvant d'un bord à l'autre, comme une porte sur ses gonds, et ne sont bonnes que pour les routes largues ou pour capéer dans les mers du Nord à bord de goëlettes américaines.

Les voiles lacées n'ont d'avantages que parce qu'elles se ma-

(1) La toile de coton employée pour les voiles est d'une largeur de $0^m,80$; on pratique deux fausses coutures dans chaque laize, de sorte que l'intervalle entre les coutures vraies et fausses est réduit à $0^m,25$. Les fausses coutures contrariant l'allongement des mous, il conviendrait de fendre la laize à $0^m,80$ en deux parties, et d'assembler le bord d'un lit avec le côté coupé.

nœuvrent avec moins de bras et offrent une plus grande résistance aux efforts du vent; mais elles ne sont pas des voiles de marche, telles que les voiles courbes, à bordures libres, de yacht.

A quoi se bornerait le talent du voilier, s'il n'avait à produire que de pareilles surfaces? Ne serait-ce pas là l'enfance du métier?

Mais si les voiles lacées sont préférables dans certaines localités, ne pourrait-on pas rechercher les moyens de les rendre meilleures pour toutes les allures? Ces moyens sont trouvés. C'est de construire des surfaces qui soient à la fois *courbes et planes* (surfaces curvilignes).

Ce qui milite aussi en faveur des voiles lacées à *grandes bordures*, c'est la possibilité de pouvoir réduire le diamètre de la bôme, dont les proportions amoindries ne pourraient soutenir une bordure libre. Augmenter ce diamètre en pareil cas serait surcharger l'embarcation d'un poids préjudiciable à la manœuvre ainsi qu'à la stabilité.

Il est donc possible de bômer avec avantage les voiles auriques à *bordures exceptionnelles*, du genre des n°s 6 et 7 de notre Planche d'embarcations, et de résoudre en même temps un problème dont la solution a été enviée si souvent aux marins d'outre-Manche, c'est-à-dire de construire des voiles qui se rapprochent sensiblement des leurs.

L'objection que nous avons à faire au sujet de la bôme est relative au foc courbe proprement dit, dans lequel la forme sphérique est tellement prononcée quelquefois, qu'il y aurait à craindre, en immobilisant son point d'écoute, de lui faire perdre telles ou telles courbures avantageuses à la marche, entre autres cette importante qualité d'atténuer la violence du tangage. En effet, sa courbure de draille, étant située au bout d'un bras de levier, fonctionne comme un véritable parachute, et agit avec d'autant plus de force pour soulager l'avant du canot, que la draille est plus inclinée à l'horizon. Cette courbure augmente à mesure que le point d'écoute se rapproche de celui d'amure.

Les embarcations de plaisance auxquelles nous faisons allusion ici ne naviguent pas toujours en rivière, elles vont en mer et parcourent les ports de la Manche ; on doit même les voir figurer dans les régates brestoises. Il serait donc avantageux, pour ces différentes navigations, qu'elles eussent deux espèces de focs, l'un pour les rivières, le *foc plan lacé*, l'autre pour la pleine mer, le *foc courbe libre*, celui qui servirait dans les joutes nautiques à favoriser la course sous toutes les allures (1).

Si on peut bômer une voile aurique courbe, ne pourrait-on pas bômer aussi le foc plan jouissant de qualités plus favorables à la marche?

On pourrait sans doute donner au foc plan les qualités amoindries du foc courbe ; il suffirait de courber légèrement ses bords, en ménageant une certaine ampleur nécessaire à combattre sa déformation. On renoncerait d'abord aux fausses coutures, dont l'absence permettrait l'introduction des mous et rendrait à la chute la flexibilité nécessaire. Les coutures forcées de la bordure redresseraient sa flèche de courbure de manière à pouvoir bômer facilement cette dernière. La courbure de draille, placée au tiers à compter de l'amure, n'aurait guère plus de $0^{m},04$ à $0^{m},05$ par mètre de flèche géométrique. Enfin le caractère courbe de cette voile la rapprocherait sensiblement de la surface plane et la rendrait bien certainement supérieure à celle du foc *plan* ordinaire (figure rectiligne).

Les voiliers qui fabriquent des voiles à Paris n'étant pas encore habitués à des genres de voiles qui procureraient une marche rapide, une facilité d'évolution et des formes élégantes

---

(1) Le foc courbe à bordure ronde, composé de toile légère, pourrait avoir une bande de renfort, large de $0^{m},10$, située d'amure en écoute. Sur cette bande on placerait, à l'endroit des coutures de la voile, des hanets pour servir à retenir la corde de bordure roulée sur elle-même en forme de ris. Ce rouleau tiendrait lieu de ralingue dans les fortes brises, et protégerait également la voile contre les immersions du tangage.

qui les rapprochent sensiblement des types anglais, nous venons les renseigner sur cette partie pratique et importante de l'art du voilier.

Nous avons déjà mis à leur disposition, chez M. Gauthier-Villars, imprimeur-libraire, successeur de M. Mallet-Bachelier, quai des Augustins 55, notre MÉTHODE PRATIQUE DE LA COUPE DES VOILES DES NAVIRES ET DES EMBARCATIONS, donnant les moyens faciles d'exécuter cette nouvelle coupe; il ne nous restait plus qu'à traiter de l'assemblage des coutures provenant de l'opération de la taille, et à leur indiquer la manière de confectionner ces voiles pour arriver à une bonne orientation.

Du mou, du point de couture et de la ralingue des voiles. — La répartition du mou dans les coutures doit se faire de telle sorte, qu'il n'en résulte aucun froncé apparent. Pour y parvenir, il faut agir comme font les voiliers anglais et américains, PALANGUER LES LAIZES, c'est-à-dire donner une tension au *lis* le plus court de la laize, jusqu'à ce qu'il atteigne la mesure du plus grand, qui assemble sur lui. Alors, dans cet état de tension, on divise par portée de 1 à 2 mètres les deux *lis* devenus égaux, et à chaque point de division on les unit par un pointage; on lâche ensuite le palan et l'on procède à l'assemblage des laizes, en *buvant* dans la couture le mou qui reste entre chaque portée. La répartition du mou ainsi faite sera très-favorable au bon établissement de la voile à son début.

Nous avons déjà dit, à l'article *Couture* (voir POINTS), que dans la voilerie française on fait usage du *point broché*. Le *point de bout*, employé par les Anglais dans la voilure de yacht, est pourtant préférable et conviendrait mieux aux voiles à mous, que nous pratiquons aujourd'hui. Ce point peu souqué et tant soit peu oblique s'aplanit facilement au moyen du frottoir (*rubber*), petit outil en bois dur de $0^m,10$ de longueur, à manche arrondi et taillé du bout en forme de sifflet adouci. Enfin cette couture contrarie moins l'allongement des mous et permet, par conséquent, de les répartir en grand nombre dans les voiles de yacht et de cutter, où la chute arrière est fortement inclinée, c'est-à-dire où la différence entre l'envergure et la bordure est très-prononcée. Nous conseillons aux amateurs partisans du genre anglais ou américain d'employer la couture à point de bout, afin d'imiter (*counterfeiting*), autant que possible, dans tous ses détails une confection de voiles perfectionnée.

Le mou dans les voiles auriques se répartit, comme on l'a démontré, dans toute la longueur des coutures, excepté dans celles du triangle de pointe. Dans les focs, on le pratique dans les deux tiers inférieurs de la chute, compris dans le tiers arrière des laizes, toujours par le procédé indiqué plus haut.

Les voiliers ne sauraient apporter trop d'attention dans la répartition des mous, ainsi que dans le frottement des coutures forcées, détails importants, qui combattent la déformation des surfaces et maintiennent les courbures extérieures propres à augmenter la vitesse de l'embarcation sans la surcharger. Celle de la bordure abaisse le centre d'effort et prête à la voilure un aspect plus gracieux.

Dès qu'une voile est formée par ses coutures, on l'étend à plat, dans toute sa surface, si c'est possible, ou dans chacun de ses côtés, afin de rectifier les courbes s'il y a lieu. La courbe de la vergue se décompose ordinairement et présente une légère concavité dans les laizes voisines de la chute; mais il ne faut pas essayer de corriger ce défaut apparent, qui provient moins des coutures forcées que de la courbure des laizes arrière, par l'effet des mous. Raccourcir la chute en rectifiant la courbe d'envergure serait la priver, sans nécessité, d'une partie de cette mollesse propre à laisser fuir le vent à mesure qu'il produit son effet sur la marche du canot.

Dans le guindant du mât on applique une ralingue bien tordue afin de la rendre flexible à mesure que l'allongement de la coupe en biais se produit de pair avec les fils de chaîne de la toile; sans quoi la voile prendrait une courbure horizontale que les efforts de l'étarque ne pourraient aplanir.

La ralingue d'un foc courbe, qui souvent tient lieu d'étai, s'applique à la voile par le procédé suivant :

On commence d'abord par donner du tors au filin, en serrant ses hélices, puis on le soumet au palan pour lui imprimer un allongement maximum; on mollit ensuite la ralingue jusqu'à ce qu'elle décrive une faible courbure. Dans ce nouvel état, on y attache provisoirement la gaîne d'envergure, de distance en distance, en laissant entre chaque point d'arrêt plus de boisson aux environs de la flèche de courbure qu'au départ du point d'amure, et, parvenu au milieu de la draille, on diminue sensiblement ce mou, de façon qu'en approchant du point de drisse on tende de plus en plus la gaîne en la fixant à la ralingue. On procède ensuite au ralingage d'un repère à l'autre. Ce travail achevé est mis de nouveau au palan pour vérifier si la gaîne ne forme aucune poche autre qu'un froncé régulier et peu apparent, même aux environs de la flèche de courbure où la boisson a été moins ménagée. En effet, le mou introduit dans les hélices de la ralingue n'est en somme que la différence du contour courbe à la ligne droite de l'amure au point de drisse du foc, différence qui ne donne en moyenne guère plus de $0^m,02$ à $0^m,04$ de mou par mètre, dans les courbures de moindres ou de plus grandes dimensions.

Nous bornons là nos explications, en priant le lecteur de consulter l'*Aide-Mémoire* où sont consignés à ce sujet des détails que nous croyons intéressants.

NOTE
RELATIVE AU FOC COURBE.

Au moment où l'on termine l'impression de notre travail, nous apprenons que le *foc courbe* vient d'avoir un succès remarquable dans les joutes nautiques qui ont eu lieu pendant l'année 1865.

Le charmant yacht *le Temps,* appartenant à M. Carpentier, ingénieur civil à Paris, a gagné : à Rouen, le deuxième prix des courses; au Havre, le premier prix, le prix d'honneur et le pavillon d'honneur; à Dieppe, le premier prix, le prix d'honneur et le guidon d'honneur.

Si le *Temps* a obtenu des prix aussi nombreux, c'est que ce yacht, outre la direction intelligente de sa manœuvre, avait, grâce à son *foc,* un puissant moteur auquel M. Carpentier se plaît à attribuer une large part du succès.

M. Carpentier a bien voulu nous faire part de ses succès; il s'exprime ainsi au sujet du foc courbe :

« Incontestablement il donne de la vitesse au bateau, et je » suis porté à supposer que cela ne l'empêche pas d'*aller près,* » puisque c'est surtout dans cette allure que nous avons dé» passé nos concurrents. Au premier abord, cependant, cette » coupe de voile a surpris tout le monde, et moi le premier; » car, dès que le vent manque, le foc (et son cornet surtout), si » gracieux quand il est plein, a l'air d'un vrai chiffon sans » forme; il paraît qu'il ne faut pas s'effrayer de cela. La fin » justifie les moyens... »

Dans des localités aussi importantes et en présence de nombreux spectateurs éclairés, un fait de cette nature ne peut manquer d'être apprécié à sa juste valeur. Il n'en faudrait pas davantage pour détruire les appréhensions que peut faire naître encore cette forme de voile sans laquelle pourtant il n'est guère possible à nos yachts de plaisance d'obtenir le maximum de vitesse, surtout dans l'allure du *plus près*. N'hésitons donc plus à suivre une méthode de coupe qui en définitive est pratiquée chez les Anglais, et qui leur permet d'obtenir, entre autres qualités précieuses, une marche rapide que nous avons souvent à leur envier.

TABLE DES MATIÈRES.

JANVIER 1866.

EXTRAIT DU CATALOGUE GÉNÉRAL

DE

GAUTHIER-VILLARS,

IMPRIMEUR-LIBRAIRE,

SUCCESSEUR DE MALLET-BACHELIER,

Quai des Augustins, 55, à Paris.

Le Catalogue général est envoyé aux personnes qui en font la demande par lettre affranchie.

En envoyant à M. Gauthier-Villars un mandat sur la Poste, ou des timbres-poste, on reçoit les Ouvrages *franco* **dans toute la France.**

ANNALES SCIENTIFIQUES DE L'ÉCOLE NORMALE SUPÉRIEURE, publiées sous les auspices du *Ministre de l'Instruction publique*, par M. *L. Pasteur*, Membre de l'Institut, Directeur des Études scientifiques de l'École, avec un *Comité de Rédaction composé de MM. les Maîtres de Conférences.*

COMITÉ DE RÉDACTION : M. *Pasteur*, Directeur des Études scientifiques, Président. — **Mathématiques :** MM. *Briot, Hermite, Puiseux.* — **Physique :** M. *Verdet.* — **Chimie :** M. *H. Sainte-Claire Deville.* — **Histoire naturelle :** MM. *Delesse, Des Cloizeaux, Lacaze-Duthiers.*

Ces **ANNALES** paraissent tous les *deux mois,* et forment, chaque année, un volume in-4 d'environ 360 pages, avec figures dans le texte et planches sur cuivre.

Prix de l'abonnement pour un an (**6 NUMÉROS**).

Paris	30 fr.
Départements	35 fr.
Étranger	40 fr.

ANNALES DE L'OBSERVATOIRE IMPÉRIAL DE PARIS, publiées par M. *Le Verrier*. **PARTIE THÉORIQUE**, tomes I, II, III, IV, V, VI, VII. In-4, avec planches. 189 fr.

Chaque volume se vend séparément. 27 fr.

Le VIIIe volume est *sous presse*.

ANNALES DE L'OBSERVATOIRE IMPÉRIAL DE PARIS, publiées par M. *U.-J. Le Verrier*, Tomes I, II, III, IV, V, VI, VII, VIII, IX, XII, XIII, XIV, XV, XVI, XVII, XVIII, XIX des **OBSERVATIONS**. In-4 (en tableaux). 680 fr.

Chaque volume se vend séparément. 40 fr.

Ces volumes et ceux qui les suivront forment une série spéciale, distincte de la partie théorique des *Annales*. Cette série est destinée à la publication des Observations réduites et discutées, et paraît sous le titre : *Annales de l'Observatoire Impérial de Paris.* — **OBSERVATIONS.**

ANNUAIRE PHOTOGRAPHIQUE POUR 1865, par *A. Davanne*. In-18.

Prix : Broché.................. 1 fr. 75 c.

Cartonné................ 2 fr. 25 c.

Réunir sous un format commode une foule de renseignements utiles que les Photographes trouvent dispersés dans les Traités spéciaux et dans les journaux; rendre compte des différents travaux de l'année écoulée; faire connaître les Sociétés photographiques françaises et étrangères, ainsi que les Expositions qu'elles organisent; énumérer les livres nouveaux; rappeler les procédés les plus employés dans un formulaire général disposé de telle sorte que chacun puisse le modifier à son gré; condenser ainsi en quelques pages les notions les plus nécessaires : tel est le but de ce livre.

ANNUAIRE POUR 1865, publié par le Bureau des Longitudes (*avec des Notices scientifiques*). In-18. 1 fr.

ARAGO (F.), Secrétaire perpétuel de l'Académie des Sciences. — **Analyse de la Vie et des Travaux de sir William Herschel.** In-18. 1 fr.

BABINET, membre de l'Institut (Académie des Sciences). — **Études et Lectures sur les Sciences d'observation et leurs applications pratiques.** In-12, sur papier fin.

Chaque volume se vend séparément....... 2 fr. 50 c.

1er volume : *sur les Mouvements extraordinaires de la mer. — Les Comètes au* XIXe *siècle. — La Télégraphie électri-*

que. — L'astronomie en 1852 et 1853. — Astronomie descriptive. — La Perspective aérienne. — Le Stéréoscope et la vision binoculaire. — Voyage dans le ciel.

2e volume : *les Tables tournantes et les manifestations prétendues surnaturelles. — L'Électricité ouvrière. — La Sibérie et les climats du Nord. — Influence des courants de la mer sur les climats, — sur les Tremblements de terre et sur la constitution intérieure du globe. — Bulletin de l'Astronomie et des Sciences pour 1853 et 1854. — De l'Arrosement du globe. — Des Tables tournantes au point de vue de la Mécanique et de la Physiologie. — La Météorologie en 1854 et ses progrès futurs.*

3e volume : *du Diamant et des Pierres précieuses. — Des Phares et de la Lumière artificielle. — Physique du globe. — Quillebœuf. — La Méditerranée. — De la Pluralité des mondes.*

4e volume : *la Terre avant les époques géologiques. — De la Constitution intérieure du globe terrestre et des Tremblements de terre. — De la Pluie et des Inondations. — L'Astronomie en 1855. — Les Saisons sur la terre et dans les autres planètes. — Sur les Progrès récents de la Galvanoplastie. — De l'Application des Mathématiques transcendantes. — La Vie aux divers âges de la terre. — Des Eaux minérales et de la Chaleur centrale de la terre.*

5e volume : *sur la Sécheresse, les Irrigations et les Reboisements. — (Séance des cinq Académies 1858). — XIX Articles sur l'Astronomie et la Météorologie.*

6e volume : *de l'Aimant et du Magnétisme terrestre. — L'Océan islandais. — Théorie physique des Vêtements. — XIII Articles sur l'Astronomie et la Météorologie.*

7e volume : *sur les Pierres précieuses, à l'occasion d'un livre intitulé :* Lithiaka. *— De la Télégraphie sous-marine. — De la Télégraphie électrique et des Télégraphes sous-marins. — Théorie physique des vêtements. — Un jour d'observations dans les Pyrénées. — Cosmogonie de Laplace. —* **La grande Comète de 1861 :** *Les Comètes en général. — Newton et sa Théorie du mouvement des Comètes. —* **Astronomie et Météorologie :** XXX Articles.

Le tome VIII est sous presse.

BABINET, de l'Institut, et **HOUSEL,** professeur de Mathématiques. — **Calculs pratiques appliqués aux Sciences d'observation.** In-8, avec 75 figures dans le texte; 1857. 6 fr.

BALTZER (**Dr Richard**), professeur au Gymnase de Dresde. — **Théorie et applications des Déterminants, avec l'indication des sources originales**, traduit de l'allemand, par *J. Hoüel,* docteur ès Sciences. In-8; 1861. 5 fr.

BARRESWIL et DAVANNE. — **Chimie photographique**, contenant les Éléments de Chimie expliqués par des exemples empruntés à la Photographie ; les procédés de Photographie sur glace (collodion humide, sec ou albuminé), sur papiers, sur plaques; la manière de préparer soi-même, d'essayer, d'employer tous les réactifs, d'utiliser les résidus, etc.; 4e édition, revue, augmentée, et ornée de figures dans le texte. In-8; 1864. 8 fr. 50 c.

BASSET (**N.**), Chimiste. — **Précis de Chimie pratique**, ou **Eléments de Chimie vulgarisée**, renfermant les faits les plus incontestables de la Science chimique, les formules et les équivalents, les méthodes les plus rationnelles de préparation et d'analyse des corps les plus usuels, ainsi que les principales applications de la chimie aux arts et à l'industrie. In-18 jésus de 642 pages, avec figures dans le texte; 1861. 5 fr.

BAUDUSSON. — **Le Rapporteur exact, ou Tables des cordes de chaque angle, depuis une minute jusqu'à cent quatre-vingts degrés, pour un rayon de mille parties égales**, augmenté de la nouvelle division du cercle en parties centésimales. In-18, 4e édition; 1861. 2 fr.

BENOIT (**P.-M.-N.**), ingénieur civil, ancien élève de l'Ecole Polytechnique, l'un des cinq fondateurs de l'Ecole centrale des Arts et Manufactures. — **La Règle à Calcul expliquée**, ou **Guide du Calculateur à l'aide de la Règle logarithmique à tiroir**, dans lequel on indique le moyen de construire cet instrument, et l'on enseigne à y opérer toutes sortes de calculs numériques. Fort vol. in-12, avec pl. 5 fr.

La **Règle à Calcul** (*Instrument*) se vend séparément 6 fr.

BENOIT (**P.-M.-N.**). — **Guide du Meunier et du Constructeur de Moulins.** 1re *Partie:* Constructions des moulins. 2e *Partie :* Meunerie. 2 vol. in-8 de 900 pages, avec 22 planches contenant 638 figures; 1863. 16 fr.

BERTHELOT (**Marcellin**), professeur de Chimie organique à l'École de Pharmacie et chargé de cours au Collége de France. — **Leçons sur les Méthodes générales**

de **synthèse en Chimie organique** (Cours du Collége de France). In-8 ; 1864. 8 fr.

BERTRAND (**J.**), Membre de l'Institut, Professeur à l'École impériale Polytechnique et au Collége de France. — **Traité de Calcul différentiel et de Calcul intégral.** — (**CALCUL DIFFÉRENTIEL.**) Beau volume in-4 de 836 pages, avec 106 figures dans le texte. Imprimé sur carré fin des Vosges ; 1864. 30 fr.

BILLET, professeur de Physique à la Faculté des Sciences de Dijon. — **Traité d'Optique physique.** 2 forts vol. in-8 avec 14 pl. composées de 357 fig. ; 1858. 15 fr.

BIOT, membre de l'Académie des Sciences et de l'Académie Française. — **Traité élémentaire d'Astronomie physique,** 3e édition, corrigée et augmentée. 5 volumes in-8 avec 94 planches ; 1857. 65 fr.

BIOT. — **Tables barométriques portatives,** donnant les différences de niveau par une simple soustraction. In-8. 1 fr. 50 c.

BOILEAU (**P.**), professeur de Mécanique appliquée à l'École impériale d'application de l'Artillerie et du Génie. — **Traité de la Mesure des Eaux courantes.** In-4, avec 7 planches. 20 fr.

BONNET (**Ossian**), répétiteur à l'Ecole Polytechnique. — **Leçons de Mécanique élémentaire,** à l'usage des Candidats à l'Ecole Polytechnique et à l'Ecole Normale supérieure. *Première partie* avec 135 figures intercalées dans le texte. In-8 ; 1858. 4 fr. 50 c.

BOUCHARLAT (**J.-L.**), professeur de Mathématiques transcendantes aux Ecoles militaires. — **Théorie des Courbes et des Surfaces du second ordre, ou Traité complet d'application de l'Algèbre à la Géométrie.** 3e édition, revue, corrigée et augmentée de **Notes** et des **Principes de la Trigonométrie rectiligne.** In-8, avec planches ; 1845. 8 fr.

BOUCHARLAT (**J.-L.**). — **Eléments de calcul différentiel et de calcul intégral.** 7e édition, in-8, avec planches ; 1858. 8 fr.

BOUCHARLAT (**J.-L.**). — **Éléments de Mécanique.** 4e édition ; 1 volume in-8, avec 10 planches ; 1861. 8 fr.

BOUCHARLAT. — **Remarques sur la partie élémentaire de l'Algèbre.** In-8. 1 fr.

BOUCHET (**Jules**), Chef des travaux graphiques à l'École Centrale. — **Exercices de Dessin linéaire et de Lavis** à l'usage des aspirants à l'École centrale des Arts et Manufactures. (*Recueil approuvé par le Conseil des Études.*) In-folio oblong. 6 fr.

BOURDON, ancien Examinateur d'admission à l'École Polytechnique. — **Éléments d'Arithmétique.** 33e édit., rédigée conformément aux nouveaux Programmes de l'enseignement dans les Lycées. In-8; 1864. (*Adopté par l'Université.*) 4 fr.

BOURDON. — **Application de l'Algèbre à la Géométrie**, comprenant la Géométrie analytique à deux et à trois dimensions. 5e édit., rédigée conformément aux nouveaux *Programmes* de l'enseignement dans les Lycées. In-8, avec pl.; 1854. (*Adopté par l'Université.*) 7 fr. 50 c.

BOURDON — **Éléments d'Algèbre**, avec Notes signées *Prouhet.* 12e édit., in-8; 1860. (*Adopté par l'Université.*) 8 fr.

BOURDON. — **Trigonométrie rectiligne et sphérique**, rédigée conformément aux nouveaux *Programmes* de l'enseignement dans les Lycées. In-8, avec figures dans le texte; 1854. (*Adopté par l'Université.*) 3 fr.

Ce Traité contient tout ce qu'il faut de Trigonométrie pour la préparation aux diverses écoles du Gouvernement.

BOURGEOIS et **CABART**, anciens élèves de l'École Polytechnique. — **Leçons nouvelles sur les applications pratiques de la Géométrie et de la Trigonométrie.** 2e édition, revue et corrigée, entièrement conforme aux *Programmes officiels.* In-8 avec pl.; 1857. 3 fr. 50 c.

BOUSSINGAULT, Membre de l'Institut. — **Agronomie, Chimie agricole et Physiologie.** 2e *édition.* 3 volumes in-8, avec planches sur cuivre et figures dans le texte; 1860-1861-1864. 15 fr.

Chaque volume se vend séparément. 5 fr.

BRESSE, Professeur de Mécanique à l'École des Ponts et Chaussées, Répétiteur à l'École Polytechnique. — **Cours de Mécanique appliquée professé à l'École des Ponts et Chaussées.**

Première Partie : *Résistance des Matériaux et Stabilité des Constructions.* In-8, avec fig. dans le texte; 1859. 8 fr.

Deuxième Partie : *Hydraulique.* In-8, avec figures dans le texte et une planche; 1860. 8 fr.

Troisième Partie : *Calcul des Moments de flexion dans une poutre à plusieurs travées solidaires.* In-8, avec planche et atlas in-folio de 24 planches sur cuivre; 1865. 16 fr.

Chaque partie se vend séparément.

BRESSON. — Traité élémentaire de Mécanique appliquée aux Sciences physiques et aux Arts. — Mécanique des corps solides. In-4, et atlas de 18 planches doubles. 15 fr.

BRIOSCHI (F.), professeur de Mathématiques à l'Université de Pavie. — **Théorie des Déterminants et leurs principales applications**; traduit de l'italien par M. *E. Combescure*, profes[r] de Mathémat., In-8; 1856. 5 fr.

BRIOT, professeur de Mathématiques au Lycée Louis-le-Grand, maître de conférences à l'École Normale supérieure, et **BOUQUET**, professeur de Mathématiques spéciales au Lycée Louis-le-Grand, répétiteur à l'École Polytechnique. — **Théorie des fonctions doublement périodiques et en particulier des Fonctions elliptiques.** In-8, avec figures; 1859. 6 fr.

BRIOT (Charles), Professeur au lycée Saint-Louis, Maître de Conférences à l'École Normale supérieure. — **Essais sur la Théorie mathématique de la Lumière.** In-8 avec figures dans le texte; 1864. 4 fr.

CABANIÉ, charpentier, professeur du Trait de Charpente, de Mathématiques, etc. — **Charpente générale théorique et pratique.** 2 volumes in-folio avec planches. 2e édition; 1864. 60 fr.

On vend séparément le tome Ier, **Bois droit.** 30 fr.
Le tome II, **Bois croche.** 30 fr.

CAHOURS (Auguste), examinateur de sortie pour la Chimie à l'École impériale Polytechnique. — **Traité de Chimie générale élémentaire.** Leçons professées à l'École centrale des Arts et Manufactures. 2e édition. 3 vol. in-18 avec figures et planches; 1860. (*L'Introduction de cet Ouvrage dans les Écoles publiques est autorisée par décision de S. Exc. M. le Ministre de l'Instruction publique et des Cultes en date du 5 août 1862.*) 12 fr.

CAILLET (V.), examinateur de la Marine. — **Tables de réfractions astronomiques**; précédées d'un Rapport fait au Bureau des Longitudes par M. *Largeteau*, membre de l'Institut et du Bureau des Longitudes. In-8. 2 fr.

CATALAN (**E.**), ancien élève de l'Ecole Polytechnique. — **Manuel des Candidats à l'Ecole Polytechnique.**

Tome Ier : **Algèbre, Trigonométrie, Géométrie analytique à deux dimensions.** In-18, avec 167 figures dans le texte; 1857. 5 fr.

Tome II : **Géométrie analytique à trois dimensions, Mécanique.** In-18, avec 139 figures dans le texte; 1858. 4 fr.

Chaque volume se vend séparément.

CAUCHY (**Aug.**). — **Résumés analytiques.** 5 num. in-4. Turin; 1833. Ouvrage complet. 6 fr.

CAUCHY (**Aug.**). — **Nouveaux exercices de Mathématiques.** In-4 de 8 cahiers. Prague; 1835 et 1836. 12 fr.

CHARPENTIER (**F.-E.-A.**), ancien officier supérieur. — **De la Pesanteur terrestre.** In-8; 1859. 3 fr. 50 c.

CHASLES, membre de l'Institut. — **Les trois livres de Porismes d'Euclide**, rétablis pour la première fois, d'après la Notice et les Lemmes de Pappus, et conformément au sentiment de R. Simson sur la forme des énoncés de ces propositions. In-8, avec 259 figures; 1860. 10 fr.

CHASLES, Membre de l'Institut. — **Traité des Sections coniques**, faisant suite au **Traité de Géométrie supérieure.** *Première partie.* In-8 avec 5 planches gravées sur cuivre, et contenant 133 figures; 1865. 9 fr.

La seconde partie, qui est sous presse, se vendra de même séparément.

CHEVIGNÉ (**le Comte Arthur de**). — **Tables numériques** destinées à faciliter les opérations topographiques, calculées pour la division sexagésimale de la circonférence. 2e édition, in-16 avec 2 pl.; 1863. 1 fr. 50 c.

CHEVREUL (**M.-E.**), membre de l'Institut — **De la Baguette divinatoire, du Pendule dit explorateur et des Tables tournantes, au point de vue de l'Histoire, de la Critique et de la Méthode expérimentale.** In-8. 3 fr.

CHOQUET, docteur ès Sciences et ancien répétiteur à l'Ecole d'Artillerie de la Flèche, professeur de Mathématiques. — **Traité d'Algèbre.** In-8; 1856. 7 fr. 50 c.

Cette édition contient le supplément à l'**Algèbre** de MM. **MAYER et CHOQUET.** (*L'Introduction de cet Ouvrage dans les Ecoles publiques a été autorisée par décision du Minitre de l'Instruction publique et des Cultes.*)

COMBEROUSSE (**Charles de**), ingénieur civil, examinateur d'admission à l'École Centrale des Arts et Manufactures, répétiteur de Mécanique appliquée à la même École, professeur de Mathématiques et de Mécanique au Collége Chaptal. — **Cours de Mathématiques**, à l'usage des Candidats à l'École Centrale des Arts et Manufactures, pouvant servir également à tous les Élèves qui se destinent aux autres Écoles du Gouvernement. 3 volumes. in-8, avec figures intercalées dans le texte et planches (pris ensemble). 25 fr.

Chaque volume se vend séparément :

Le Tome Ier, Arithmétique et Algèbre élémentaire (avec 21 figures dans le texte). 7 fr. 50 c.

Le Tome II, Géométrie plane, Géométrie dans l'espace, Complément de Géométrie, Trigonométrie, Complément d'Algèbre (avec 466 figures dans le texte). 10 fr.

Le Tome III, Géométrie analytique, Géométrie descriptive (avec Atlas de 53 pl., contenant 274 fig.). 10 fr.

COMBES (**Ch.**), ingénieur en chef des Mines. — **Traité de l'Exploitation des Mines**. 3 volumes in-8, avec atlas. 60 fr.

Cette édition est la contrefaçon faite en Belgique de l'édition française qui est épuisée et que l'auteur a autorisé M. Mallet-Bachelier à faire entrer en France.

CONNAISSANCE DES TEMPS OU DES MOUVEMENTS CÉLESTES A L'USAGE DES ASTRONOMES ET DES NAVIGATEURS.

Prix de chaque année sans Additions. 3 fr. 50 c.
1866, avec Additions par M. Delaunay et par M. le duc de Luynes et M. Vignes. 6 fr. 50 c.
1867, avec Additions. 6 fr. 50 c.

On peut se procurer la Collection complète, ou des années séparées de cet ouvrage, depuis 1760 *jusqu'à* 1867.

CONSOLIN (**B.**), Maître Voilier entretenu de la Marine impériale et professeur du Cours de Voilerie à Brest. — **Manuel du Voilier**, revu et publié par ordre de S. Exc. M. l'Amiral *Hamelin*, Ministre de la Marine. Ouvrage approuvé pour l'instruction des Élèves de l'École Navale et pour celle des Voiliers des arsenaux. Grand in-8 sur jésus, de 528 pages et 11 planches ; 1859. 12 fr.

CONSOLIN (**B.**), Auteur du *Manuel du Voilier*, Professeur du Cours de Voilerie à Brest. — **Méthode pratique de la Coupe des voiles des navires et embarcations**, suivie de Tables graphiques facilitant les diverses opérations de la coupe, avec ou sans calcul; ouvrage offrant aux Capitaines des renseignements utiles à la mer. In-12 avec 3 planches; 1863. 3 fr.

CRESSON, Professeur. — **Principes de Dessin** pour préparation à tous les genres. **40 grands modèles gradués**, format demi-jésus, lithographiés, avec un texte explicatif; 1865. 8 fr.

DARCY. — **Recherches expérimentales relatives au mouvement des eaux dans les tuyaux.** In-4 avec 12 grandes planches; 1857. 20 fr.

DAVANNE et GIRARD. — **Recherches théoriques et pratiques sur la formation des épreuves photographiques positives.** In-8; 1864. 4 fr.

DAVANNE, *voyez* **BARRESWIL.**

DAVANNE, *voyez* **ANNUAIRE PHOTOGRAPHIQUE.**

DE LA GOURNERIE, Ingénieur en chef des Ponts et Chaussées, professeur de Géométrie descriptive à l'Ecole Polytechnique et au Conservatoire des Arts et Métiers. — **Traité de Perspective linéaire**, honoré de la souscription de *S. Exc. M. le Ministre de l'Agriculture, du Commerce et des Travaux publics*. In-4, avec atlas de 45 planches in-folio dont 8 doubles; 1859. 40 fr.

DE LA GOURNERIE. — **Traité de Géométrie descriptive.** In-4, publié en trois *Parties* avec Atlas; 1860-1862-1864. 30 fr.

Chaque Partie se vend séparément. 10 fr.

La 1re *Partie*, avec Atlas de 52 planches, contient quatre Livres qui sont consacrés : 1° à la ligne droite et au plan; 2° au cône, au cylindre et aux surfaces de révolution; 3° aux projections cotées; 4° aux perspectives axonométrique, monodymétrique, isométrique et cavalière. Les deux premiers Livres contiennent tout ce qui est exigé pour l'admission à l'Ecole Polytechnique.

La 2e *Partie*, avec Atlas de 52 planches, comprend le Ve livre, relatif à la détermination des Ombres, avec figures géométrales, axonométriques et cavalières, et les VIe et VIIe livres consacrés aux surfaces développables et gauches.

La 3e *Partie*, avec Atlas de 46 planches, contient les principales propositions de la théorie de la courbure des surfaces avec leurs applications aux arts graphiques et les constructions relatives aux surfaces hélicoïdales et topographiques.

DELAISTRE (L.), professeur de Dessin général. — **Cours complet de Dessin linéaire, gradué et progressif**, contenant la Géométrie pratique, élémentaire et descriptive; l'Arpentage, le Levé des Plans et le Nivellement; le Tracé des Cartes géographiques; des Notions sur l'Architecture; le Dessin industriel; la Perspective linéaire et aérienne; le Tracé des ombres et l'étude du Lavis; publié en quatre Parties, composées de 60 planches et texte in-4 oblong à 2 colonnes, tirées sur jésus.

Prix de l'ouvrage complet cartonné. 15 fr.

Ouvrage donné en prix par la Société d'Encouragement pour l'Industrie nationale, aux CONTRE-MAITRES des Etablissements industriels, et choisi en 1862 par S. Exc. M. le Ministre de l'Instruction publique pour les Bibliothèques scolaires.

DELAMBRE, membre de l'Institut. — **Traité complet d'Astronomie théorique et pratique.** 3 vol. in-4, avec planches; 1814. 40 fr.

DELAMBRE. — **Histoire de l'Astronomie ancienne.** 2 vol. in-4, avec planches; 1817. 25 fr.

DELAMBRE. — **Histoire de l'Astronomie du moyen âge.** 1 vol. in-4, avec planches; 1819. 20 fr.

DELAMBRE. — **Histoire de l'Astronomie moderne.** 2 vol. in-4, avec planches; 1821. 30 fr.

DELAMBRE. — **Histoire de l'Astronomie au XVIIIe siècle**; publiée par M. *Matthieu*, membre de l'Académie des Sciences et du Bureau des Longitudes. In-4, avec planches; 1827. 20 fr.

DELAMBRE. — **Tables écliptiques des Satellites de Jupiter**, d'après la théorie de Laplace et la totalité des observations faites depuis 1662 jusqu'à l'an 1802. In-4; 1817. 10 fr.

DELISLE (A.), examinateur pour l'admission à l'Ecole Navale, professeur émérite et officier de l'Université, et **GERONO**, professeur de Mathématiques. — **Géométrie analytique.** In-8, avec pl. 8 fr.

DELISLE, examinateur de la Marine, et **GERONO**. — **Éléments de Trigonométrie rectiligne et sphérique**; 5e édition. In-8, avec planches; 1859. 3 fr. 50 c.

DELSAUX (le **P.**), Professeur de Physique mathématique au collége de la Paix. — **Éléments de la Théorie mathématique de la capillarité.** In-8, avec figures dans le texte; 1865. 2 fr.

D'ÉTROYAT, constructeur. — **Tables de mâture.** In-4, avec planches; 1858. 8 fr.

D'ÉTROYAT (Ad.), constructeur. — **Traité élémentaire d'Architecture navale.** 3 parties en 2 volumes. In-4 et Atlas in-folio de 29 pl. 2e édition, 1863. 20 fr.

D'ÉTROYAT (Ad.). — **De la carène du navire et de l'Échelle de solidité.** In-4, avec 5 planches; 1856. 4 fr.

D'ÉTROYAT (Ad.). — **Embarcations des Navires de guerre et de commerce.** Grand in-4 avec atlas in-folio de 15 planches; 1856. 10 fr.

DIEN. — **Atlas céleste,** contenant plus de 100 000 étoiles et nébuleuses. In-folio de 26 planches gravées sur cuivre, dont trois doubles, avec une *Introduction* par M. *Babinet,* Membre de l'Institut; 1864.

Cartonné, toile pleine. 35 fr.

Relié avec luxe demi-chagrin. 40 fr.

DUCOM. — **Cours complet d'observations nautiques,** avec les notions nécessaires au Pilotage et au Cabotage augmenté de la puissance des effets des ouragans, typhons, tornados des régions tropicales. 3e éd., 1859. In-8. 15 fr.

DUHAMEL, membre de l'Institut (Académie des Sciences). **Cours de Mécanique.** 3e édition, 2 volumes in-8, avec planches; 1862-1863. 12 fr.

DUHAMEL. — **Éléments de Calcul infinitésimal.** 2e éd.; 2 vol. in-8, pl.; 1860-1861. 12 fr.

DUHAMEL. — **Des Méthodes dans les sciences de raisonnement.** In-8; 1865. 2 fr. 50 c.

DU MONCEL (Th.), Ingénieur électricien de l'Administration des Lignes télégraphiques. — **Traité théorique et pratique de Télégraphie électrique** à l'usage des employés télégraphistes, des ingénieurs, des constructeurs et des inventeurs. Vol. in-8 de 642 pages, avec 156 figures dans le texte et 3 planches sur cuivre; imprimé sur carré fin satiné; 1864. 10 fr.

DU MONCEL (Th.). — **Exposé des applications de l'électricité.** 5 vol. in-8, avec planches; 1856 à 1863. 46 fr.

On vend séparément :

Le tome I, **Notions technologiques.** 8 fr.

Le tome II, **Applications mécaniques.** 10 fr.

Le tome III, **Applications physiques.** 8 fr.

Le tome IV, **Revue des applications de l'Électricité en 1857 et 1858.** 10 fr.

Le t. V, **Revue des découvertes de 1859 à 1862.** 10 fr.

DU MONCEL.— Notice sur l'appareil d'induction électrique de Ruhmkorff, suivie d'un **Mémoire sur les courants induits.** 4e édit., in-8, avec fig.; 1859. 7 fr.

DU MONCEL (**Th.**). — **Étude des lois des courants électriques au point de vue des applications électriques.** In-8, avec figures; 1860. 4 fr.

DUPIN (**Ch.**), Membre de l'Institut. — **Développements de Géométrie**, avec des applications à la stabilité des vaisseaux, aux déblais et remblais, au défilement, à l'optique, etc., pour faire suite à la *Géométrie descriptive* et à la *Géométrie analytique* de **Monge.** 1 v. in-4; pl. 15 fr.

DUPIN (**Ch.**). — **Applications de Géométrie et de Mécanique** à la Marine, aux Ponts et Chaussées, etc., pour faire suite aux *Développements de Géométrie*. 1 vol. in-4, avec 17 planches; 1822. 10 fr.

EBELMEN, ingénieur en chef au Corps impérial des Mines, professeur de Docimasie à l'École des Mines de Paris, administrateur de la Manufacture impériale de Porcelaine de Sèvres. — **Chimie, Céramique, Géologie, Métallurgie,** revues et corrigées par M. *Salvétat*, chimiste à la Manufacture impériale de Sèvres, suivies d'une Notice sur la vie et les travaux de l'auteur, par M. *Chevreul*, membre de l'Institut. 3 forts vol. in-8, avec figures dans le texte (deuxième tirage); 1861. 15 fr.

ENDRÈS (**E.**), ancien élève de l'École Polytechnique, ingénieur des Ponts et Chaussées. — **Manuel du Conducteur des Ponts et Chaussées,** d'après le dernier *Programme officiel des examens.* Ouvrage indispensable aux Conducteurs et Employés secondaires des Ponts et Chaussées et des Compagnies de Chemins de fer, aux Agents voyers et à tous les Candidats à ces emplois. 4e édition, 2 vol. in-8, avec 652 figures dans le texte et 4 planches d'instruments dessinés et gravés d'après les meilleurs modèles; 1865. 13 fr.

ENDRÈS (E.), ancien élève de l'École Polytechnique, Ingénieur des Ponts et Chaussées. — **Vade-Mecum administratif de l'Entrepreneur des Ponts et Chaussées, ou Recueil raisonné des documents relatifs à l'adjudication, à l'exécution et au règlement des travaux, avec l'exposé détaillé de la procédure et de la jurisprudence des Conseils de Préfecture et du Conseil d'État.** Ouvrage utile à toutes les personnes chargées de projeter, diriger ou exécuter des travaux à l'Entreprise. In-12; 1859. 3 fr. 50 c.

EVANS (O.). — **Manuel de l'Ingénieur Mécanicien constructeur de machines à vapeur;** trad. de l'anglais, par *Doolittle*, 3e éd.; in-8, 7 pl. 5 fr.

FATON (le P.), de la Compagnie de Jésus. — **Traité d'Arithmétique théorique et pratique,** en rapport avec les nouveaux *Programmes* d'enseignement, terminé par une petite Table de Logarithmes disposée comme les Tables de Callet. Chaque théorie est suivie d'un choix d'Exercices gradués de calcul et d'un grand nombre de Problèmes. 3e édition, revue et corrigée. In-12; 1861. (*L'introduction de cet Ouvrage dans les Écoles publiques a été autorisée par décision du Ministre de l'Instruction publique et des Cultes.*) 2 fr. 75 c.

FATON (le P.). — **Premiers éléments de l'Arithmétique.** In-12; 1865. 1 fr. 50 c.

FAVRE (P.-A.), Correspondant de l'Institut (Académie des Sciences), Professeur de Chimie à la Faculté des Sciences de Marseille. — **Aide-Mémoire de Chimie à l'usage des Lycées et des établissements secondaires,** *rédigé conformément au Programme du baccalauréat ès Sciences.* In-8 avec Atlas; 1864. 8 fr.

FLAMMARION (Camille).— **La pluralité des Mondes habités,** étude où l'on expose les conditions d'habitabilité des terres célestes. In-12 avec figures; 1864. 3 fr. 50 c.

FLANDIN (Ch.), docteur en médecine de la Faculté de Paris. — **Traité des Poisons, ou Toxicologie appliquée à la Médecine légale, à la Physiologie et à la Thérapeutique.** 3 vol. in-8, avec planches; 1853. 30 fr.

Chacun des tomes II et III se vend séparément. 7 fr.

FRANCŒUR (L.-B.). — **Cours complet de Mathématiques pures,** ouvrage destiné aux Élèves des Écoles Normale et Polytechnique, et aux candidats qui se préparent à y être admis. 4e édition; 2 vol. in-8, avec pl.; 1837. 12 fr.

FRANCŒUR (L.-B.). — **Uranographie, ou Traité élémentaire d'Astronomie,** à l'usage des personnes peu versées dans les Mathématiques, des Géographes, des Marins, des Ingénieurs, accompagnée de Planisphères. 6e édition, revue, corrigée et augmentée d'une **Notice sur la Vie et les Ouvrages de l'Auteur,** par M. *Francœur* fils, professeur de Mathématiques spéciales au Collége Chaptal et à l'Ecole des Beaux-Arts. (Dédiée à M. *F. Arago.*) 1 vol. in-8, avec planches; 1853. 10 fr.

FRANCOEUR (L.-B.). — **Traité de Géodésie,** comprenant la Topographie, l'Arpentage, le Nivellement, la Géomorphie terrestre et astronomique, la Construction des Cartes, la Navigation, augmentée de **Notes sur la mesure des bases,** par M. *Hossard,* Lieutenant-Colonel aux Ingénieurs-Géographes, Professeur d'Astronomie à l'Ecole Polytechnique. 4e édition, revue et corrigée par M. *Francœur* fils, Professeur de Mathématiques à l'École des Beaux-Arts. In-8, avec 11 planches; 1865. 10 fr.

FREYCINET (Charles de), ingénieur au corps impérial des Mines. — **Traité de Mécanique rationnelle,** comprenant la Statique comme cas particulier de la Mécanique, avec figures dans le texte. 2 vol. in-8; 1858. 14 fr.

FREYCINET (Charles de). — **De l'Analyse infinitésimale, Étude sur la métaphysique du haut calcul.** In-8; avec fig.; 1860. 6 fr.

FREYCINET (Charles de), chef de l'exploitation des chemins de fer du Midi. — **Des Pentes économiques en chemins de fer. Recherches sur les dépenses des rampes.** In-8; 1861. 6 fr.

C'est une théorie rationnelle des rampes de chemins de fer. L'auteur donne des formules simples et rigoureuses qui permettent de déterminer, dans chaque cas particulier, la pente la plus avantageuse à adopter au double point de vue des dépenses de construction et d'exploitation.

GARNIER (F.), ingénieur au corps des Mines, ancien élève de l'École Polytechnique. — **Traité sur les Puits artésiens.** 2e édition, revue et augmentée, avec 25 pl.; in-4. 15 fr.

GAUSS (Ch.-Fr.) — **Méthode des moindres carrés.** Mémoires sur la combinaison des observations. Traduits en français et avec l'autorisation de l'auteur, par M. *J. Bertrand,* membre de l'Institut. In-8; 1855. 4 fr.

GHYOOT (E.), Professeur de Mathématiques. — **Le Répétiteur des Étudiants en Algèbre élémentaire.** 2e édition, revue et augmentée. In-8; 1864. 2 fr. 50 c.

GIFFARD (H.). — **Notice théorique et pratique sur l'Injecteur automoteur, breveté, propre à l'alimentation des chaudières à vapeur et à l'élévation de l'eau.** (Prix de Mécanique décerné par l'Académie des Sciences, concours de 1859.) Appareil inventé en 1858 par M. *Henry Giffard,* construit par M. *H. Flaud,* et par plusieurs Compagnies. 2e édit. 1 vol. in-4, avec 2 pl.; 1861. 3 fr. 50 c.

GINOT-DESROIS (Mlle). — **Planisphère mobile,** au moyen duquel on peut apprendre l'Astronomie seul et sans le secours des Mathématiques. 7e éd.; 1847, sur carton. 4 fr.

GINOT-DESROIS (Mlle). — **Description et usages du Calendrier astronomique perpétuel,** donnant le quantième des mois, les jours de la semaine, les phases de la Lune, la place du Soleil dans l'écliptique pour un jour donné, le lever, le passage au méridien, le coucher de ces astres et des étoiles, ainsi que les principales éclipses de Soleil visibles à Paris depuis 1858 jusqu'en 1874, dans l'ordre de leur grandeur et dimension. 2e édition, revue et augmentée d'indications nouvelles. In-8 avec le **PLANISPHÈRE ASTRONOMIQUE**; 1861. 5 fr.

GIRARD (Aimé), *voyez* **RUSSELL**, page 33.

GIRARD (L.-D.), ingénieur civil. — **Hydraulique.** — Utilisation de la force vive de l'eau appliquée à l'industrie. — Critique de la théorie connue et exposé d'une théorie nouvelle. In-4 avec Atlas de 13 planches; 1863. 15 fr.

GIRARD (L.-D.). — **Chemin de fer glissant, nouveau système de locomotion à propulsion hydraulique.** In 4 avec atlas de 6 planches in-plano; 1864. 20 fr.

GOSSART (A.). — **Sténarithmie** ou **Abréviation des Calculs,** Complément indispensable de toutes les Arithmétiques. In-12; 2e édition; 1853. 1 fr.

GOSSART (A.). — **Table des carrés de 1 à 100 millions,** au moyen de laquelle on obtient des *produits exacts* pour tous les nombres par un calcul très-simple, plus facile qu'avec les logarithmes; précédée d'une **Échelle des nombres réciproques** pour 1500 facteurs; suivie des **sinus, cosinus, tangentes et cotangentes** de 10 en 10 secondes jusqu'à 12 minutes, et par minute pour le surplus du quart de cercle. In-8; 1865. 3 fr.

GRANDEAU (L.), Docteur ès Sciences, et **TROOST (L.)**, Professeur de Physique et de Chimie au lycée Bonaparte. — **Traité pratique d'Analyse chimique**, par **F. WOEHLER**, Professeur de Chimie à l'Universisé de Gœttingue, Associé étranger de l'Institut de France. **Édition française**, publiée avec le concours de l'Auteur. 1 volume in-18 jésus, avec 76 fig. dans le texte et une planche; 1866. 4 fr. 50 c.

GRANDEAU, *voyez* **LAUGEL**, page 22.

GRANDEAU. — **Instruction pratique sur l'Analyse spectrale**, comprenant : 1° la description des appareils; 2° leur application aux recherches chimiques; 3° leur application aux observations physiques; 4° la projection des spectres. In-8 avec 2 planches sur cuivre et 1 planche chromolithographiée ; 1863. 3 fr.

GUIONNEAU DE PAMBOUR. — **Théorie des Machines à vapeur.** In-4, et atlas de 23 pl. 50 fr.

GUIONNEAU DE PAMBOUR. — **Calcul de la Force des machines à vapeur pour la navigation ou l'industrie et pour l'achat des machines.** In-8. 2 fr. 50 c.

GUIOT. — **Éléments de Perspective linéaire**, comprenant la théorie et les procédés pratiques de cette science. 2e édition, in-8, avec atlas in-folio oblong de 37 planches; 1847. 10 fr.

HATON DE LA GOUPILLIÈRE, ingénieur des Mines, professeur à l'Ecole des Mines. — **Éléments du calcul infinitésimal.** In-8, avec fig. dans le texte; 1860. 6 fr.

HATON DE LA GOUPILLIÈRE (J.-N.), ingénieur des Mines, professeur de Mécanique à l'École impériale des Mines, professeur-suppléant de Mécanique à la Faculté des Sciences de Paris, répétiteur de Mécanique à l'École Polytechnique. — **Traité théorique et pratique des Engrenages.** In-8, avec figures dans le texte; 1861. 3 fr. 50 c.

HATON DE LA GOUPILLIÈRE (J.-N.), Ingénieur des Mines, Examinateur d'admission à l'École Polytechnique. — **Traité des Mécanismes**, renfermant la théorie géométrique des organes et celle des résistances passives. In-8 avec 16 pl. gravées sur cuivre; 1864. 10 fr.

HEEGMANN. — **Théorie de la réfraction astronomique.** In-8; 1856. 1 fr. 50 c.

HOMMEY, capitaine de frégate en retraite. — **Tables d'angles horaires.** 2 volumes grand in-8 en tableaux. 20 fr.

HOÜEL, Professeur de Mathématiques à la Faculté des Sciences de Bordeaux. — **Tables de Logarithmes à cinq décimales**, pour les nombres et les lignes trigonométriques, suivies des **Logarithmes d'addition et de soustraction ou Logarithmes** de **Gauss** et de **diverses Tables usuelles.** 2e édition, revue et augmentée. In-8; 1864. (*L'introduction de cet Ouvrage dans les Ecoles publiques est autorisée par décision du Ministre de l'Instruction publique et des Cultes en date du* 22 *août* 1859.) 2 fr.

HOUSEL, ancien Élève de l'École Normale supérieure, Professeur de Mathématiques. — **Introduction à la Géométrie supérieure.** In-8, avec 8 planches; 1865. 6 fr.

HUDELOT (A.), capitaine d'État-major. — **PLANS COTÉS. Introduction aux Cours de Topographie et de Fortification,** à l'usage des Sous-Officiers. 2 vol. in-8, dont un composé de 12 planches; 1861. 6 fr.

IMBARD. — **De la Mesure du Temps, et Description de la Méridienne verticale portative du Temps vrai et du Temps moyen pour régler les pendules et les montres, etc.** 2e édition. In-18, avec pl., 1857. 1 fr.

INSTITUT DE FRANCE.

COMPTES RENDUS HEBDOMADAIRES DES SÉANCES DE L'ACADÉMIE DES SCIENCES, publiés conformément à une décision de l'Académie, en date du 13 juillet 1835, par MM. *Arago, Flourens, Elie de Beaumont,* Secrétaires perpétuels.

Ces **Comptes rendus** paraissent régulièrement tous les dimanches, en un cahier de 32 à 40 pages, quelquefois de 80 à 120. Ils forment à la fin de l'année, *deux volumes* in-4, ensemble de 2400 à 3000 pages. Deux tables, l'une par ordre alphabétique de matières, l'autre par ordre alphabétique de noms d'auteurs, terminent chaque volume.

PRIX de *l'abonnement, franco :*

Pour Paris. 20 fr. || Pour les départements. 30 fr.

La collection complète, de 1835 à 1864, forme 59 volumes in-4. 590 fr.

Chaque année se vend séparément. 20 fr.

TABLE GÉNÉRALE DES COMPTES RENDUS DES SÉANCES DE L'ACADÉMIE DES SCIENCES, publiés par MM. les Secrétaires perpétuels, conformément à une décision de l'Académie. Cette Table, par ordre de matières et par ordre alphabétique de noms d'auteurs, comprend les années 1835 à 1850. Fort vol. in-4 à deux colonnes. 20 fr.

SUPPLÉMENT AUX COMPTES RENDUS DES SÉANCES DE L'ACADÉMIE DES SCIENCES.
Tomes I et II, 1856 et 1861, ensemble. 50 fr.
séparément. 25 fr.

JÆNISCH (**J.-F.** de), auteur de plusieurs écrits sur la Théorie des Échecs. — **Traité des Applications de l'Analyse mathématique au jeu des Échecs,** précédé d'une **Introduction à l'usage des Lecteurs**, soit étrangers aux Échecs, soit peu versés dans l'Analyse. 3 volumes grand in-8 avec 31 planches; Saint-Pétersbourg, 1862-1863. 28 fr.
Le tome III se vend seul séparément. 8 fr.

JAMIN (**J.**), Professeur de Physique à l'École Polytechnique. — **Cours de Physique de l'École Polytechnique.** 2e édition, tome Ier. In-8 de 552 pages avec 270 figures dans le texte et une planche sur acier, 1863. (*L'introduction de ce premier volume dans les Écoles publiques est autorisée par décision du Ministre de l'Instruction publique et des Cultes.*) (Se vend séparément.) 12 fr.
Les tomes II et III (ensemble). 20 fr.

JONQUIÈRES (**E.** de), lieutenant de vaisseau. — **Mélanges de Géométrie pure,** comprenant diverses applications des théories exposées dans le **Traité de Géométrie supérieure** de M. *Chasles,* au mouvement infiniment petit d'un corps solide libre dans l'espace, aux sections coniques, aux courbes du troisième ordre, etc., et la traduction du **Traité** de *Maclaurin* **sur les Courbes du troisième ordre.** In-8, avec planches; 1856. 5 fr.

JOUBERT (le **P.**), de la Compagnie de Jésus. — **Sur la théorie des fonctions elliptiques et son application à la théorie des nombres.** 1860. 2 fr.

JOURNAL DE MATHÉMATIQUES PURES ET APPLIQUÉES, ou **Recueil mensuel de Mémoires sur les diverses parties des Mathématiques,** publié par M. *J. Liouville,* membre de l'Institut et du Bureau des Longitudes.

1re **Série,** 20 volumes in-4°, années 1836 à 1855, au lieu de 600 francs, 400 francs, payables de la manière suivante : 100 fr. comptant, et les 300 fr. restants en trois bons de 100 fr. de six mois en six mois à l'ordre de M. Gauthier-

Villars, à partir de l'époque de la livraison des 20 volumes.

Chaque volume pris séparément, au lieu de 30 fr. 25 fr.

La 2e Série, commencée en 1856, continue de paraître chaque mois par cahier de 32 à 48 pages.

Prix de l'abonnement, par année, pour Paris. 30 fr.
Pour les Départements. 35 fr.
Pour l'Étranger. 45 fr.

JOURNAL DE MATHÉMATIQUES PURES ET APPLIQUÉES; par M. *Liouville*, membre de l'Académie des Sciences. — **Table générale des 20 volumes** composant la **1re Série.** In-4. 3 fr. 50 c.

JULIEN (**Stanislas**), membre de l'Institut. — **Histoire et Fabrication de la Porcelaine chinoise.** Ouvrage traduit du chinois, accompagné de Notes et Additions par M. *Alphonse Salvétat*, chimiste à la Manufacture impériale de Porcelaine de Sèvres, et augmenté d'un **Mémoire sur la Porcelaine du Japon,** traduit du japonais, par M. le docteur *Hoffmann*. (*Dédié à M. le Ministre de l'Instruction publique.*) Beau volume imprimé sur grand raisin fin glacé, avec 14 planches, figures gravées sur bois, et une carte de la Chine indiquant l'emplacement des manufactures de porcelaine anciennes et modernes. Grand in-8; 1856. 12 fr.

JULLIEN (**le P.**), de la Compagnie de Jésus. — **Problèmes de Mécanique rationnelle** disposés pour servir d'applications aux principes enseignés dans les Cours. Cet ouvrage renferme les questions nouvellement introduites dans le Programme de la Licence et de nombreuses applications pratiques. 2 volumes in-8, avec fig. dans le texte; 1855. 12 fr.

LACROIX (**S.-F.**). — **Éléments de Géométrie.** (1re Partie. *Géométrie plane.* CLASSE DE TROISIÈME. — 2e Partie. *Géométrie dans l'espace.* CLASSE DE SECONDE. — 3e Partie. *Complément de Géométrie.* CLASSE DE MATHÉMATIQUES SPÉCIALES. — 4e Partie. *Notions sur les courbes usuelles.* CLASSE DE RHÉTORIQUE. 18e édit.; conforme aux *Programmes officiels* de l'enseignement dans les Lycées; revue et corrigée par M. *Prouhet,* professeur de Mathématiques. In-8, avec 220 figures dans le texte; 1863. (*L'introduction de cet Ouvrage dans les Écoles publiques a été autorisée par décision de S. Exc. le Ministre de l'Instruction publique et des Cultes en date du 27 juillet 1861.*) 4 fr.

LACROIX. — Éléments d'Algèbre, à l'usage des candidats aux Écoles du Gouvernement, 21e édit., revue, corrigée et annotée conformément aux *nouveaux Programmes* de l'enseignement dans les Lycées, par M. *Prouhet*, professeur de Mathématiques. In-8; 1854. (*L'introduction de cet Ouvrage dans les Écoles publiques a été autorisée par S. Exc. le Ministre de l'Instruction publique et des Cultes le 27 juillet* 1861.) 6 fr.

LACROIX. — Complément des Éléments d'Algèbre. 7e édition; in-8; 1863. 4 fr.

LACROIX. — Traité élémentaire de Trigonométrie rectiligne et sphérique, et d'Application de l'Algèbre à la Géométrie. In-8 avec planches; 1863. 11e édition, revue et corrigée. 4 fr.

LACROIX. — Introduction à la connaissance de la Sphère. 2e édition. In-18; avec planches; 1864. *Ouvrage choisi par S. Exc. le Ministre de l'Instruction publique pour les Bibliothèques scolaires de l'Empire.* 1 fr. 25 c.

LACROIX (S.-F.). — Traité élémentaire de Calcul différentiel et de Calcul intégral. 6e édition, revue et augmentée de Notes par MM. *Hermite* et *J.-A. Serret*, membres de l'Institut. 2 volumes in-8 avec planches; 1861-1862. 15 fr.

LACROIX. — Traité élémentaire du Calcul des Probabilités. 4e édition. In-8 avec planche; 1864. 5 fr.

LAGRANGE. — Théorie des Fonctions analytiques. 3e édit., revue par M. *Serret*; in-4; 1847. 18 fr.

LAGRANGE. — Mécanique analytique. 3e édition, revue, corrigée et annotée par M. *J. Bertrand*. 2 vol. in-4; 1855. 40 fr.

LALANDE. — Tables de Logarithmes pour les Nombres et les Sinus à CINQ DÉCIMALES; revues par le baron *Reynaud*. Nouvelle édition augmentée de *Formules pour la Résolution des Triangles*, par M. *Bailleul*, typographe. In-18; 1864. (*L'introduction de cet Ouvrage dans les Écoles publiques a été autorisée par décision du Ministre de l'Instruction publique et des Cultes.*) 2 fr.

LALANDE. — Tables de Logarithmes, étendues à **SEPT DÉCIMALES,** par *F.-C.-M. Marie*, précédées d'une Instruction dans laquelle on fait connaître les limites des erreurs qui peuvent résulter de l'emploi des Logarithmes des nombres et des lignes trigonométriques; par le baron *Reynaud*. Nouvelle édition augmentée de *Formules pour la Résolution des Triangles*, par M. *Bailleul*, typographe. In-12; 1864. 3 fr. 50 c.

LAMARLE (**Ernest**), ingénieur en chef des Ponts et Chaussées. — **Exposé général du Calcul différentiel et intégral**, précédé de la Cinématique du point, de la droite et du plan, et fondé tout entier sur les notions les plus élémentaires de la Géométrie plane, et comprenant les applications du calcul différentiel à l'Analyse et à la Géométrie. 3 parties en 2 volumes. In-8, avec figures dans le texte; 1861, 1863. 12 fr.

Les 2 *premières Parties* se vendent séparément. 3 fr.

Et la 3e *Partie*. 9 fr.

LAMÉ (**G.**), membre de l'Institut. — **Leçons sur les fonctions inverses des transcendantes et les Surfaces isothermes.** In-8, avec figures dans le texte; 1857. 5 fr.

LAMÉ (**G.**). — **Leçons sur les Coordonnées curvilignes et leurs diverses applications.** In-8, avec figures dans le texte; 1859. 5 fr.

LAMÉ, membre de l'Institut. — **Leçons sur la Théorie mathématique de l'élasticité des corps solides.** In-8, avec planches; 2e édition. (*Sous presse*).

LAMÉ (G.), membre de l'Institut. — **Leçons sur la Théorie analytique de la Chaleur.** In-8 avec figures dans le texte; 1861. 6 fr. 50 c.

LAPLACE (**Marquis de**). — **Exposition du Système du Monde**, 6e édit., précédée de l'**Éloge de l'auteur** par M. le baron *Fourier*. In-4, papier fin, avec portrait; 1835. 15 fr.

LAPLACE. — **Essai philosophique sur les Probabilités.** 6e édition, in-8; 1840. 5 fr.

LAPLACE. — **Précis de l'Histoire de l'Astronomie.** 2e édition; in-8; 1863. 3 fr.

LAUGEL (**Aug.**), ancien élève de l'École Polytechnique, ex-ingénieur des Mines. — **Science et Philosophie.** In-18, sur jésus satiné; 1863. 3 fr. 50 c.

LAUGEL (**Aug.**), ancien élève de l'École Polytechnique, ex-ingénieur des Mines, et **GRANDEAU**, docteur ès Sciences, professeur de Chimie. — **Revue des Sciences et de l'Industrie.** 1re année, 1862. In-12. 3 fr. 50 c.

2e année. 1863. In-12, avec une planche, imitation de l'aqua-tinta (gravure physico-chimique, procédé Dulos). 3 fr. 50 c.

LAUR. — **Traité de Géodésie pratique simplifiée.** 2 vol. in-8, avec 15 pl.; 1855. 10 fr.

C'est le seul ouvrage géodésique qui traite à fond de l'Expertise des terres et du Drainage d'après les meilleurs systèmes connus.

LAURENT (**Auguste**), membre correspondant de l'Institut. — **Méthode de Chimie**, précédée d'un *Avis au Lecteur*, par M. *J.-B. Biot*, membre de l'Institut. In-8, avec figures dans le texte; 1854. 8 fr.

LAURENT (**H.**), officier du Génie, ancien élève de l'École Polytechnique. — **Théorie des Séries**, contenant: 1° les Règles de convergences et les propriétés fondamentales des Séries; 2° l'Étude et la Sommation de quelques Séries; 3° quelques applications de la Théorie des Séries au calcul des expressions transcendantes. Ouvrage destiné aux Candidats des Écoles Polytechnique et Normale, et aux personnes qui désirent suivre les Cours des Facultés des Sciences. In-8; 1862. 4 fr.

LAURENT (**H.**). — **Théorie des Résidus.** In-8 avec figures dans le texte; 1865. 4 fr.

LAUSSEDAT (**A.**), capitaine du Génie. — **Leçons sur l'Art de lever les Plans, comprenant les levers de terrain et de bâtiment, la pratique de nivellement ordinaire et le lever des courbes horizontales à l'aide des instruments les plus simples.** Ouvrage utile aux Propriétaires, aux Agents des travaux publics, aux Instituteurs primaires, aux Élèves des Écoles normales et industrielles et aux Sous-Officiers de l'armée. In-4° avec 10 planches; 1861. 5 fr.

LE COINTE (**I.-L.-A.**), de la Compagnie de Jésus, Professeur à l'École préparatoire Sainte-Marie, à Toulouse. — **Notions élémentaires sur les Courbes usuelles.** Ouvrage destiné à la préparation au Baccalauréat ès Sciences et à l'École spéciale militaire de Saint-Cyr. In-8, avec figures dans le texte; 1864. 2 fr.

LE COINTE (**I.-L.-A.**), Professeur à l'École préparatoire Sainte-Marie, à Toulouse. — **Solutions développées de 300 Problèmes** qui ont été proposés dans les compositions mathématiques pour l'admission au grade de Bachelier ès Sciences dans diverses Facultés de France. In-8, avec figures dans le texte; 1865. 6 fr.

LEFÈVRE. — **Abrégé du nouveau traité de l'Arpentage, ou Guide pratique et mémoratif de l'Arpenteur,** particulièrement destiné aux personnes qui n'ont point étudié la Géométrie, contenant toutes les méthodes nécessaires pour l'Arpentage, le Levé des plans, l'Aménagement des bois, le Nivellement, le Toisé; suivi d'un nouveau mode d'observer les angles d'une triangulation, etc. Gros vol. in-12; avec 18 pl., dont une coloriée. 7 fr.

LEFORT (F.), Ingénieur en chef des Ponts et Chaussées, membre correspondant de l'Académie des Sciences de Naples. — **Tables des surfaces de déblai et de remblai, des largeurs d'emprise et des longueurs des talus,** relatives à un chemin de fer à deux voies ou à une **ROUTE DE 10 MÈTRES** de largeur entre fossés, pour des cotes sur l'axe de 0^m à 15^m et pour des déclivités sur le profil transversal de 0^m à $0^m,25$. Gr. in-8 sur jés.; 1861. 3 fr.

LEFORT (F.). — **Tables des surfaces de déblai et de remblai, des longueurs d'emprise et des longueurs des talus,** relatives à une **ROUTE DE 8 MÈTRES.** Grand in-8 sur jésus; 1863. 3 fr.

LEFORT (F.). — **Tables des surfaces de déblai et de remblai, des largeurs d'emprise et des longueurs des talus,** relatives à un chemin de fer à une voie ou à une **ROUTE DE 6 MÈTRES,** etc. Grand in-8 sur jésus; 1862. 3 fr.

LEPAUTE. — **Traité d'Horlogerie,** contenant tout ce qui est nécessaire pour bien connaître et pour régler les pendules et les montres, la description des pièces d'horlogerie les plus utiles, etc. In-4, avec 17 pl. 15 fr.

LEROY (C.-F.-A.), ancien professeur à l'Ecole Polytechnique et à l'Ecole Normale supérieure. — **Traité de Stéréotomie, comprenant les Applications de la Géométrie descriptive à la Théorie des Ombres, la Perspective linéaire, la Gnomonique, la Coupe des Pierres et la Charpente.** 4ᵉ édition, revue et annotée par M. *E. Martelet,* ancien élève de l'Ecole Polytechnique, professeur de Géométrie descriptive à l'Ecole centrale des Arts et Manufactures. In-4, avec atlas de 74 pl. in-folio; 1866. 26 fr.

LEROY (C.-F.-A.). — **Traité de Géométrie descriptive.** 7ᵉ édition, revue et annotée par M. *Martelet,* Professeur à l'Ecole centrale des Arts et Manufactures. In-4, avec atlas de 71 planches; 1864. 16 fr.

LE VERRIER (U.-J.). — **Théorie du mouvement de Mercure.** Grand in-8; 1845. 5 fr.

LE VERRIER (U.-J.). — **Mémoire sur les variations séculaires des éléments des orbites pour les sept planètes principales : Mercure, Vénus, la Terre, Mars, Jupiter, Saturne et Uranus.** Grand in-8, avec pl.; 1843. 3 fr. 50 c.

LE VERRIER (U.-J.). — **Recherches sur les mouvements de la planète Herschel.** Grand in-8; 1846. 5 fr.

LIONNET (E.), agrégé de l'Université, professeur de Mathématiques pures et appliquées au Lycée Louis le Grand, examinateur suppléant d'admission à l'Ecole Navale. — **Éléments d'Arithmétique,** 3e édition, rédigée conformément au *Programme officiel des Lycées*. In-8, 1857. (*Autorisé par l'Université.*) 4 fr.

LIONNET (E.) — **Algèbre élémentaire,** à l'usage des Candidats au Baccalauréat ès Sciences et aux Ecoles du Gouvernement, et rédigée conformément aux Programmes officiels des Lycées. 2e édition, augmentée de **la Partie exigée pour l'admission à l'Ecole centrale des Arts et Manufactures.** In-8; 1858. 4 fr.

LONCHAMPT (A.). — **Recueil des principaux Problèmes** posés dans les examens pour l'*Ecole Polytechnique* et pour l'*Ecole Centrale des Arts et Manufactures,* ainsi que dans les conférences des *Ecoles préparatoires* les plus importantes de Paris, **Énoncés et Solutions.** 1 volume lithographié grand in-8 sur jésus; 1865. 8 fr.

LORRAIN (Claude). — **Dictionnaire universel des Comptes d'intérêt à l'usage de la Banque, du Commerce et des Administrations.** In-4. 5 fr.

LUCAS (**Félix**), Ingénieur des Ponts et Chaussées. — **Études analytiques sur la Théorie générale des courbes planes.** Vol. in-8, avec planches; 1864. 6 fr.

MAHISTRE (A.), Professeur à la Faculté des Sciences de Lille. — **L'art de tracer les Cadrans solaires,** à l'usage des Instituteurs et des personnes qui savent manier la règle et le compas. *Approuvé par le Conseil de l'Instruction publique.* 2e édition. In-18, avec figures dans le texte; 1864. 1 fr. 25 c.

MAHISTRE. — **Cours de Mécanique appliquée.** In-8, avec 211 figures intercalées dans le texte; 1858. 8 fr.

MARIE, professeur de Mathématiques et de Topographie. — **Principes du Dessin et du Lavis de la Carte topographique**, présentés d'une manière élémentaire et méthodique, avec tous les développements nécessaires aux personnes qui n'ont pas l'habitude du Dessin; accompagnés de 9 modèles, dont 8 sont coloriés avec soin. 1 vol. in-4 oblong; 1825. 15 fr.

MARIE (Maximilien), répétiteur de Mécanique à l'École Polytechnique. — **Leçons d'Arithmétique élémentaire.** 2e tirage, revu et corrigé. In-8; 1863. 4 fr.

MARIE (Maximilien). — **Leçons d'Algèbre élémentaire.** In-8; 1863. 4 fr.

MARIELLE (C.-P.), Chef d'Escadron honoraire, ancien Trésorier, Garde des Archives et Secrétaire des Conseils de l'École. — **Répertoire de l'École impériale Polytechnique ou Renseignements sur les Élèves qui ont fait partie de l'Institution depuis l'époque de sa création en 1794, avec indication de leur position connue, jusqu'en 1855 inclusivement, avec plusieurs tableaux et résumés statistiques.** (*Publié avec l'autorisation de S. Exc. le Ministre de la Guerre et dédié aux Élèves de l'École.*) Volume in-8 en tableaux; 1855. 5 fr.

MATHIEU (de la Drôme).—De la Prédiction du Temps. In-8, 2e édition; 1862. 2 fr.

MATTEUCCI, professeur à l'Université de Pise. —**Cours d'électro-physiologie**, professé à l'Université de Pise en 1856. In-8, avec planches; 1858. 4 fr.

MATTEUCCI (C.), professeur de Physique à l'Université de Pise. — **Cours spécial sur l'Induction, le Magnétisme de rotation, le Diamagnétisme, et sur les relations entre la force magnétique et les actions moléculaires.** In-8, avec planches; 1854. 5 fr.

MEISSAS (N.), ancien ingénieur du chemin de fer de Paris à Cherbourg. — **Tables pour servir aux Etudes et à l'exécution des chemins de fer, ainsi que dans tous les travaux où l'on fait usage du Cercle et de la Mesure des angles.** Ouvrage honoré de la Souscription du Ministre des Travaux publics. In-12; 1860. 8 fr.

Cartonné. 9 fr.

MOIGNO (l'Abbé). — **Leçons de Calcul différentiel et de Calcul intégral**, rédigées d'après les méthodes et les ouvrages publiés ou inédits de *A.-L. Cauchy*. Tome IV, 1er *fascicule*.— **Calcul des Variations.** In-8; 1861. 6 fr.

MOLLET (**J.**), professeur de Physique et de Géométrie pratique. — **Gnomonique graphique**, ou **Méthode simple et facile pour tracer les Cadrans solaires sur toutes sortes de Plans** en ne faisant usage que de la règle et du compas; suivie de la **Gnomonique analytique.** 6ᵉ édition; in-8, avec planches; 1865. 3 fr. 50 c.

MONGE. — **Géométrie descriptive.** In-4; 1847. 12 fr.

MONGE. — **Application de l'Analyse à la Géométrie.** *Cinquième édition,* revue, corrigée et annotée par M. *J. Liouville,* membre de l'Académie des Sciences et du Bureau des Longitudes. In-4, sur carré superfin des Vosges, avec le portrait de **Monge** et 5 pl.; 1850. (*Edition de luxe.*) 50 fr.

MONGRUEL (**L.-P.**), Ingénieur civil. — **Traité pratique des Huiles minérales,** à l'usage des fabricants, marchands et consommateurs de **Pétroles, Schistes et autres Huiles analogues.** Ouvrage également utile aux négociants, entrepositaires et consignataires, aux employés des douanes et des octrois, aux experts et arbitres près les tribunaux, etc.; suivi de tables-barêmes permettant de calculer en monnaies françaises ou anglaises le prix des huiles par 100 kilogrammes, par hectolitre ou par gallon. In-18 sur jésus, avec figures dans le texte; 1864. 2 fr.

MOUREY (**C.-V.**). — **La vraie Théorie des Quantités négatives et des Quantités prétendues imaginaires.** (Dédié aux amis de l'évidence.) 2ᵉ édition; in-12 avec figures dans le texte; 1861. 2 fr. 50 c.

NOUVELLES ANNALES DE MATHÉMATIQUES, Journal des Candidats aux Écoles Polytechnique et Normale, rédigé par M. *Terquem,* officier de l'Université, docteur ès Sciences, et M. *Gerono,* professeur de Mathématiques; augmenté depuis 1855 d'un **Bulletin de Bibliographie, d'Histoire et de Biographie mathématiques**; par M. *Terquem.* **1ʳᵉ SÉRIE**, 20 vol. in-8 (1842 à 1861), au lieu de 240 francs, 150 francs payables de la manière suivante: 75 francs comptant, et les 75 francs restants en un bon à trois mois à l'ordre de M. Gauthier-Villars, à partir de l'époque de la livraison des 20 vol.

Les tomes I à VII se vendent séparément. 12 fr.

Les tomes VIII à XX se vendent séparément. 9 fr.

La **2e SÉRIE**, commencée en 1862, continue de paraître chaque mois par cahier de 32 à 48 pages.

Prix de l'abonnement pour Paris. 12 fr.

Pour les Départements. 14 fr.

Pour l'Étranger, suivant les conventions postales.

NOURY. — Tarifs d'après le Système Métrique décimal pour cuber les bois carrés ou en grume ou ronds, et tous les corps solides quelconques, ainsi que les colis ou ballots, caisses, etc. In-8. (*Approuvé par les Ministres de l'Intérieur et de la Marine.*) 4 fr.

OGER (**F.**), professeur d'Histoire et de Géographie, Maître de Conférences au Collége Sainte-Barbe. — **Géographie physique, militaire, historique, politique, administrative et statistique de la France,** *rédigée conformément au Programme officiel,* à l'usage des Candidats à l'Ecole militaire de Saint-Cyr et à l'enseignement géographique des lycées. 3e édit., revue, cor. et aug. de la **Géographie générale et de la Géographie industrielle et commerciale**; vol. in-18, avec ATLAS de 23 cartes in-plano; 1864. 10 fr.

On vend séparément.

Texte. 3 fr.

Atlas. 7 fr.

OGER (**F.**). — **Petit Atlas de Géographie générale,** à l'usage des Institutions et des Lycées, contenant 9 cartes in-plano; 1866. 3 fr. 50 c.

OGER (**F.**). — **Histoire de France et Histoire générale depuis l'avénement de Louis XIV jusqu'à la chute de l'Empire (1643-1815). COURS DE RHÉTORIQUE**, rédigé conformément au Programme officiel. In-8 de 532 pages; 1862. 7 fr.

OGER (**F.**). — **Cours d'Histoire générale** à l'usage des Lycées, des Candidats à l'École militaire de Saint-Cyr et des Aspirants aux baccalauréats ès Lettres et ès Sciences, rédigé conformément aux Programmes officiels.

Ire Partie. — **Histoire ancienne et Histoire du moyen âge jusqu'en 1328. COURS DE TROISIÈME.** In-8; 1863. 3 fr. 50 c.

IIe Partie. — **Histoire du moyen âge et des temps modernes** depuis l'avénement des Valois jusqu'à la paix de Westphalie (1328-1648). **COURS DE SECONDE.** In-8; 1864. 3 fr. 50 c.

IIIe Partie. — **Histoire moderne depuis l'avénement de Louis XIV jusqu'à nos jours (1643-1865).** In-8; 1866. 5 fr.

OYON, ancien Directeur des contributions directes du département de la Meurthe. — **Tables de multiplication** à l'usage de MM. les Préfets et Sous-Préfets, Directeurs des Contributions directes, Officiers du Génie, Géomètres en chef du Cadastre, Ingénieur des Ponts et Chaussées, Arpenteurs des Forêts, Architectes, Commerçants, Banquiers, Agents de change, etc. (*Ouvrage approuvé par S. Exc. le Ministre des Finances.*) 4e édition, 2 forts volumes in-4; 1864. 30 fr.

Le premier volume va de 1 à 500, et le deuxième de 501 à 1000. *Chaque volume se vend séparément.* 15 fr.

OLIVIER (**Théodore**), professeur de Géométrie descriptive au Conservatoire des Arts et Métiers. — **Théorie géométrique des Engrenages destinés à transmettre le mouvement de rotation entre deux axes situés ou non situés dans un même plan.** In-4, avec pl.; 1842. 8 fr.

PAUL (**Casimir de**), Professeur à l'École municipale Turgot. — **Géométrie élémentaire théorique et pratique.**

Première Partie : *Géométrie plane*, suivie d'un Exposé élémentaire du Lever des Plans et de l'Arpentage. In-18 jésus; 1865. 2 fr. 50 c.

PELLETIER (**A.**), Conducteur des chemins de fer de Paris à Lyon et à la Méditerranée. — **Carnet des Agents secondaires** des travaux de chemins de fer; *Guide pratique* à l'usage des personnes débutant dans cette partie. Ouvrage présentant l'examen pratique des connaissances les plus usuelles pour les opérations de terrain et de cabinet, suivi de la table des ordonnées pour le tracé des courbes de raccordement et autres. In-18, avec de nombreuses planches et épures de ponts et biais; 1864. 5 fr. 50 c.

PIERRE (**J.-I.**), Correspondant de l'Institut (Académie des Sciences), professeur à la Faculté des Sciences de Caen. — **Exercices sur la Physique**, ou **Recueil de questions susceptibles de faire l'objet de compositions écrites soit dans les classes supérieures des lycées, soit aux examens du baccalauréat ès sciences, soit aux examens d'admission aux principales écoles, avec l'indication des solutions.** 2e édit.; in-8, avec 4 pl.; 1862. 4 fr.

POINSOT.— **Éléments de Statique.** 10e édit.; 1861. 6 fr.

POINSOT. — **Théorie nouvelle de la Rotation des corps.** In-4 avec planches; 1851. 15 fr.

POINSOT. — **Théorie des Cônes circulaires roulants.** In-4, avec planche; 1853. 3 fr.
Le même Ouvrage, in-8. 1 fr. 50 c.

POINSOT. — **Réflexions sur les principes fondamentaux de la Théorie des Nombres,** etc. In-4; 1845. 6 fr.

POINSOT. — **Questions dynamiques. Sur la percussion des Corps.** In-4; 1857. 4 fr.

POINSOT. — **Précession des équinoxes.** In-8; 1857. 3 fr.

POINSOT. — **Note sur la théorie des polyèdres.** In-8; 1858. 1 fr. 50 c.

POISSON (**S.-D.**), membre de l'Institut. — **Traité de Mécanique.** 2e édit.; 2 forts vol. in-8; 1833. 18 fr.

PONCELET, membre de l'Institut. — **Rapport historique sur les machines et outils employés dans les Manufactures.** 2 vol. in-8 de plus de 700 pages chacun (tirage à part revu par l'auteur). 30 fr.

PONCELET, de l'Institut de France. — **Applications d'Analyse et de Géométrie** qui ont servi de principal fondement au **Traité des Propriétés projectives des figures,** suivies d'Additions par MM. *Mannheim* et *Moutard,* anciens Élèves de l'École Polytechnique. 2 vol. in-8, avec figures dans le texte. Imprimé sur carré fin 1864. 20 fr.
Chaque volume se vend séparément. 10 fr.

PONCELET, Membre de l'Institut. — **Traité des Propriétés projectives des figures.** Ouvrage utile à ceux qui s'occupent des applications de la Géométrie descriptive et d'opérations géométriques sur le terrain. 2e édition, 1865-1866. 2 beaux volumes in-4 d'environ 400 pages chacun, imprimés sur carré fin satiné, avec de nombreuses planches gravées sur cuivre. 40 fr.

PONTÉCOULANT (**G. de**) ancien élève de l'École Polytechnique, colonel au corps d'État-major. — **Théorie analytique du système du Monde.** 2e édit. considérablement augmentée, tomes I et II, in-8; 1856. 18 fr.

On vend séparément :

Les tomes III et IV (1re édition). 33 fr.
Suppléments aux livres II et V (1re édit.) 2 fr. 50 c.
Supplément au livre VII (1860). 2 fr. 50 c.
L'ouvrage complet, 4 volumes. 52 fr. 50 c.

PORRO (**Joseph**), ingénieur civil. — **Guide pratique de Tachéométrie.** In-8 avec 6 tableaux; 1861. 5 fr.

POUILLET, membre de l'Académie des Sciences. — **Mémoire sur la densité de l'alcool, sur celle des mélanges alcooliques et sur un nouveau mode de graduation de l'aréomètre à degrés égaux.** In-4 avec 1 pl.; 1859. 6 fr.

POUILLET. — **Nouvelle méthode de graduer les aréomètres de degrés égaux et l'alcoomètre centésimal.** In-4; 1863. 5 fr.

PUISSANT. — **Traité de Géodésie**, ou Exposition des Méthodes trigonométriques et astronomiques, applicables soit à la mesure de la Terre, soit à la confection du canevas des cartes et des plans topographiques. 3e éd.; 2 vol. in-4, avec 13 pl.; 1842. 40 fr.

REECH (F.), ingénieur de la Marine, directeur de l'Ecole spéciale d'application du Génie maritime. — **Théorie générale des effets dynamiques de la chaleur.** In-4 avec planches. 10 fr.

REECH. — **Machine à Air d'un nouveau système, déduit d'une comparaison raisonnée des systèmes de** *MM. Ericsson* et *Lemoine*. In-4, avec planches. 6 fr.

REECH. — **Théorie de l'injecteur automoteur des chaudières à vapeur de** *M. H. Giffard*. In-4, avec pl. 1860. 3 fr.

REGNAULT (J.-J.). — **Manuel des Aspirants au grade d'Ingénieur des Ponts et Chaussées. — Guide du Conducteur des Ponts et Chaussées**, de **l'Agent voyer, du Garde du Génie et de l'Artillerie**, rédigé d'après le nouveau *Programme officiel*.

Ouvrage divisé en 2 Parties. — Chaque Partie se vend séparément :

PARTIE THÉORIQUE, contenant : l'Algèbre, la Géométrie analytique, la Géométrie descriptive, la Coupe des Pierres, la Charpente, la Physique, la Chimie, des Notions de Géologie, la Mécanique des corps solides et l'Hydraulique. 2 volumes in-8, avec 44 planches. 12 fr.

PARTIE PRATIQUE, contenant : les Cours de Routes, Cours de Chemins de fer, Cours de Ponts, la Navigation intérieure, des Notions sur les Desséchements et les Irrigations, les Ports maritimes; des Notions d'Architecture et l'Exécution des travaux, etc. 2 vol in-8, avec 50 pl. 12 fr.

REGNAULT (J.-J.). — **Traité de Géométrie pratique et d'Arpentage** comprenant les **Opérations graphiques** et de nombreuses **Applications aux Travaux de toute nature** à l'usage des Écoles professionnelles, des Écoles normales primaires, des employés des Ponts et Chaussées, des Agents voyers, etc. 2e édition, revue et augmentée. In-8, avec 14 pl.; 1860. 5 fr.

REGNAULT (J.), bachelier ès sciences mathématiques, Directeur des Annales des Conducteurs des Ponts et Chaussées et des Annales des Chemins vicinaux. — **Cours pratique d'Arpentage** à l'usage des Instituteurs primaires, comprenant la division et le bornage des terrains, suivi d'un Extrait du Code sur le bornage, de l'exposition des anciennes mesures agraires et de leur conversion en mesures nouvelles. — **Nouvelle méthode d'Arpentage**, avec l'emploi de la chaîne métrique et de l'équerre d'arpenteur seulement, à l'usage des Instituteurs, des Élèves des Écoles primaires, des Propriétaires et des Cultivateurs. In-18, sur jésus, avec figures dans le texte; 1861. 1 fr. 50 c.

RESAL (H.), ancien élève de l'École Polytechnique. — **Éléments de Mécanique**, rédigés d'après les programmes d'admission pour l'École Polytechnique, adoptés par l'Université impériale, suivis d'Additions relatives à la mécanique des systèmes de points matériels, extraites des Leçons de Mécanique physique, professées de 1838 à 1848, à la Faculté des Sciences de Paris, par M. *Poncelet*. Nouvelle édit., revue et corrigée. In-8, avec pl.; 1862. 4 fr. 50 c.

RESAL (H.). — **Traité de Cinématique pure**. In-8, avec 77 figures; 1862. 6 fr.

RESAL (H.), Ingénieur des Mines, Docteur ès Sciences. — **Traité élementaire de Mécanique céleste**. In-8 avec planche; 1865. 8 fr.

L'Auteur s'est proposé pour but dans cet Ouvrage d'exposer les principes fondamentaux de la *Mécanique céleste*, à l'aide de démonstrations assez simples pour être introduites dans l'enseignement supérieur.

REYNAUD (le baron), examinateur pour l'admission à l'Ecole Polytechnique, à la Marine, à l'Ecole militaire de Saint-Cyr et à l'Ecole Forestière. — **Traité d'Arithmétique**, à l'usage des Elèves qui se destinent à ces Ecoles. In-8; 26e édition, revue, corrigée et annotée par M. *Gerono*, professeur de Mathématiques; 1855. (*Adopté par l'Université.*) 4 fr.

ROUCHÉ (Eugène), ancien élève de l'Ecole Polytechnique, professeur au Lycée Charlemagne. — **Eléments d'Algèbre**, à l'usage des Candidats au Baccalauréat ès Sciences et aux Ecoles spéciales. (*Rédigés conformément* *aux Programmes de l'enseignement scientifique dans les Lycées.*) In-8, avec figures dans le texte; 1857. 4 fr.

ROUCHÉ (**Eugène**), Professeur au Lycée Charlemagne, Répétiteur à l'École Polytechnique, etc., et **COMBEROUSSE** (**Charles de**), Professeur au Collège Chaptal, Répétiteur à l'École Centrale, etc. — **Traité de Géométrie élémentaire**, conforme aux Programmes officiels, renfermant un très-grand nombre d'exercices et plusieurs appendices consacrés à l'exposition des principales méthodes de la Géométrie moderne. In-8, avec figures dans le texte; 1865. 10 fr.

On vend séparément, savoir :

Ire Partie. — *Géométrie plane.* 4 fr.

IIe Partie. — *Géométrie de l'espace et Courbes usuelles.* 6 fr.

Avertissement. — En se bornant aux parties imprimées en caractères ordinaires, le lecteur aura à sa disposition un Traité entièrement conforme aux *Programmes officiels*. Les Candidats aux Écoles spéciales trouveront dans les parties en petit caractère d'utiles développements. Enfin, les *Appendices* qui terminent les différents Livres sont consacrés à l'exposition des nouvelles méthodes géométriques.

Nous avons indiqué, pour les élèves studieux, un très-grand nombre d'**Exercices** classés par paragraphes.

RUSSELL (**C.**). — **Le Procédé au Tannin,** traduit de l'anglais par M. *Aimé Girard*; 2e édition entièrement refondue, et renfermant la description des nouveaux procédés de préparation, de développement, etc. In-8 sur jésus, avec figures dans le texte; 1864. 2 fr. 50 c.

SAINTE-CLAIRE DEVILLE (**H.**), maître de conférences à l'École Normale, etc. — **De l'Aluminium. Ses propriétés, sa fabrication et ses applications.** In-8, avec planches; 1859. 3 fr. 50 c.

SALVÉTAT (**A.**), chef des travaux chimiques à la manufacture impériale de Sèvres. — **Leçons de Céramique,** professées à l'École Centrale des Arts et Manufactures, ou **Technologie Céramique**, comprenant les **Notions de Chimie, de Technologie et de Pyrotechnie applicables à la fabrication, à la synthèse, à l'analyse, à la décoration des poteries.** 2 vol. in-18, avec 479 figures dans le texte. 12 fr.

SCHEURER-KESTNER (**A.**). — **Principes élémentaires de la Théorie chimique des Types, appliquée aux combinaisons organiques.** In-8; 1862. 2 fr.

SENARMONT (de). — **Traité de Cristallographie**, traduit de l'anglais de *Miller*. In-8, avec 12 pl. 5 fr.

SERRET (**J.-A.**), Membre de l'Institut. — **Éléments d'Arithmétique**, à l'usage des candidats au baccalauréat ès Sciences et aux Écoles spéciales. Rédigés conformément au *Programme de l'enseignement scientifique des Lycées*. 4e édition, revue et augmentée. In-8 ; 1864. (*L'introduction de cet Ouvrage dans les Écoles publiques est autorisée par décision du Ministre de l'Instruction publique et des Cultes en date du 22 août 1859.*) 4 fr.

SERRET (**J.-A.**), examinateur d'admission à l'École impériale Polytechnique. — **Traité de Trigonométrie**. 3e édition, revue et augmentée. In-8 avec planches, 1862. (*L'Introduction de cet Ouvrage dans les Écoles publiques est autorisée par décision de S. Exc. M. le Ministre de l'Instruction publique et des Cultes en date du 5 août 1862.*) 4 fr.

SERRET (**Paul**). — **Théorie nouvelle géométrique et mécanique des lignes à double courbure**. In-8 avec 67 figures dans le texte ; 1860. 8 fr.

SERRET (**Paul**). — **Des Méthodes en Géométrie**. In-8, avec figures dans le texte ; 1855. 6 fr.

STATISTIQUE DE L'INDUSTRIE MINÉRALE DE 1853 À 1859 INCLUS, publiée par le *Ministre des l'Agriculture, du Commerce et des Travaux publics*. Grand in-4, avec planche coloriée ; 1861. 20 fr.

STURM, membre de l'Institut. — **Cours d'Analyse de l'École Polytechnique**. 2e édit., revue et corrigée par M. *Prouhet*, répétiteur d'Analyse à l'École Polytechnique. 2 vol. in-8 avec figures dans le texte ; 1863-1864. 12 fr.

STURM, Membre de l'Institut. — **Cours de Mécanique de l'École Polytechnique**, publié, d'après le vœu de l'auteur, par M. *E. Prouhet*, répétiteur à l'École Polytechnique. 2 volumes in-8 avec figures dans le texte ; 1861. 12 fr.

THIERRY fils, graveur éditeur du *Vignole de Poche*. — **Méthode graphique et géométrique**, ou le **Dessin linéaire** appliqué aux arts en général, et en particulier à la Projection des Ombres, à la pratique de la Coupe des Pierres, à la perspective linéaire et aux cinq ordres d'Architecture ; ouvrage utile à tous les Artistes et Ouvriers employés à la construction et à la décoration des édifices ;

2e édition, revue et corrigée par M. *C.-F.-M. Marie*, professeur de Mathématiques et de Topographie. Grand in-8 oblong, avec 50 planches; 1846. *Cet Ouvrage a été choisi par S. Exc. M. le Ministre de l'Instruction publique et des Cultes pour les Bibliothèques scolaires de l'Empire.* 8 fr. 50 c.

THIOUT aîné, maître horloger à Paris. — **Traité d'Horlogerie mécanique et pratique,** approuvé par l'Académie des Sciences. 2 vol. in-4, avec 91 planches. 25 fr.

THOREL (J.-B.-A.), géomètre de 1re classe du Cadastre. — **Arpentage et Géodésie pratiques.** Ouvrage à l'aide duquel on peut apprendre le Système métrique, l'Arpentage, la Division des terres, la Trigonométrie rectiligne, le Levé des Plans et la Gnomonique. 2e tirage. In-4, avec planches; 1853. 4 fr.

TREDGOLD, ingénieur civil. — **Traité des Machines à vapeur et de leur Application à la Navigation, aux Mines, aux Manufactures.** In-4 et atlas de 25 pl. 25 fr.

VIANT (J.), agrégé de l'Université, professeur de Mathémathiques spéciales au Prytanée impérial militaire de la Flèche, ancien élève de l'École Normale. — **Éléments de Géométrie descriptive, rédigés conformément au nouveau Programme de Saint-Cyr,** à l'usage des candidats à ladite École, à l'École Navale, à l'École Forestière, et au baccalauréat ès Sciences. In-8, avec Atlas de 16 planches; 1862. 2 fr. 50 c.

VIANT (J.). — Notions sur quelques courbes usuelles, rédigées conformément au nouveau Programme de Saint-Cyr, à l'usage des candidats à ladite École, aux Écoles Navale et Forestière, et au baccalauréat ès Sciences. In-8 avec planches; 1864. 2 fr. 50 c.

VIEILLE (J.), Inspecteur général de l'Instruction publique. — **Éléments de Mécanique, rédigés conformément au** Programme du nouveau plan d'études des Lycées. 1 volume in-8, avec figures dans le texte; 1865. 4 fr. 50 c.

VIEILLE (J.). — Cours complémentaire d'Analyse et de Mécanique rationnelle, professé à l'École Normale. In-8; 1851. 7 fr.

VIEILLE (J.). — Théorie générale des approximations numériques, à l'usage des Candidats aux Écoles spéciales. In-8, 2e édition; 1854. 3 fr. 50 c.

VINCENT, membre de l'Institut, et **SAIGEY**. — **Géométrie élémentaire**, refaite sur la première édition publiée en 1826, et rédigée suivant les principes du nouveau *Programme* des études. In-12, avec planches; 1855. 2 fr. 50 c.

VIOLEINE (**A. P.**), ancien chef de bureau au Ministère des Finances. — **Tables pour faciliter les Calculs des Probabilités sur la vie humaine**, tels que rentes viagères, assurances, etc., d'après les lois de mortalité de *Déparcieux*, de *Duvillard*, et d'une moyenne entre ces lois; suivi d'un appendice qui fait voir que l'annuité nécessaire au remboursement des emprunts faits en actions ou obligations et par tirage au sort, peut être traitée comme les probabilités sur la vie. In-4; 1859. 10 fr.

VIOLEINE (**A.-P.**) — **Nouvelles Tables pour les calculs d'Intérêts simples et composés, d'Amortissement, d'Annuités de primes, etc.** In-4; 1854. 15 fr.

VIOLEINE (**A.-P.**). — **Guide du Rentier et du Spéculateur.** In-12; 1861. 1 fr. 25 c.

YVON VILLARCEAU, astronome à l'Observatoire impérial de Paris. — **Sur l'Établissement des Arches de Pont, envisagé au point de vue de la plus grande stabilité, et Tables pour faciliter les applications numériques.** In-4, avec fig. dans le texte, et 2 pl.; 1854. 12 fr.

WŒHLER (**F**), Professeur à l'Université de Gœttingen. — **Éléments de Chimie.** Édition française par L. GRANDEAU, Professeur de Chimie à l'Association Philotechnique, avec le concours de M. le Dr *F. Sacc*, ancien professeur à l'Académie de Neufchâtel, et des additions de M. H. SAINTE-CLAIRE DEVILLE, membre de l'Institut. In-8; 1861. 7 fr. 50 c.

WŒHLER (**F.**). — **Traité pratique d'Analyse chimique.** (*Voir* **GRANDEAU** et **TROOST**.)

WITH (**Émile**), ingénieur civil. — **Manuel aide-mémoire du Constructeur de travaux publics et de machines**, comprenant le **Formulaire** et les **Données d'expérience de la construction**. 2e édition, in-12; 1861. 2 fr. 50 c.

Paris. — Imprimerie de GAUTHIER-VILLARS, rue de Seine-Saint-Germain, 10, près l'Institut.

B. CONSOLIN, L'art de voiler les Embarcations
Fig. 1
Fig. 2
Fig. 3
Fig. 4
L. Longueur
B. Bau
C. Creux
Centre de Voilure

CONSOLIN (B.), Maître Voilier entretenu de la Marine impériale, Professeur du Cours de Voilerie à Brest. — **Manuel du Voilier**, publié par ordre de *S. Exc. M. l'Amiral Hamelin*, Ministre de la Marine, ouvrage approuvé pour l'instruction des élèves de l'École Navale et pour celle des Voiliers des arsenaux. Grand in-8 sur jésus de 528 pages et 11 planches; 1859 ....

CONSOLIN (B.), Auteur du *Manuel du Voilier*, Professeur du Cours de Voilerie à Brest. — **Méthode pratique de la Coupe des Voiles des navires et embarcations**, suivie de Tables graphiques facilitant les diverses opérations de la coupe, avec ou sans calcul; ouvrage offrant aux Capitaines des renseignements utiles à la mer. In-12 avec 3 planches; 1863 ....

ANNUAIRE POUR L'AN 1866, publié par le *Bureau des Longitudes*, augmenté d'une **Notice sur la distance du Soleil à la Terre**, par M. *B...*, Membre de l'Institut. In-18 de 5.. pages ....

CHARDONNEAU (F.-J.-T.), Lieutenant de vaisseau. — **Guide du Marin sur la loi des Tempêtes**, ou Exposition pratique de la théorie et de la loi des tempêtes, et de ses usages pour les Marins de toutes classes dans toutes les parties du monde, et Explication de cette théorie au moyen des roses d'ouragans transparentes, et d'utiles leçons. Traduction de l'anglais de *Henri Piddington*, Président de la Cour de Marine à Calcutta. 2e édition, in-8, avec planches et cartes; 1859. (Ouvrage honoré de la souscription de Son Excellence le Ministre de la Marine.) ....

D'ÉTROYAT (Ad.), Constructeur. — **Traité élémentaire d'Architecture navale.** 3 parties in-4, avec Atlas de 29 planches in-folio; 2e ... 1863 ....

D'ÉTROYAT (Ad.). — **De la Carène du Navire et de l'Échelle de ...** In-4, avec 5 planches; 1856 ....

D'ÉTROYAT (Ad.). — **Embarcations des Navires de guerre et du commerce.** Grand in-4 avec atlas in-folio de 15 planches; 1856........

D'ÉTROYAT (Ad.). — **Tables de mâture.** In-4, avec pl.; 1858........

DUCOM. — **Cours complet d'observations nautiques**, avec les notions nécessaires au Pilotage et au Cabotage, augmenté de la puissance des effets des ouragans, typhons, tornades des régions tropicales. 3e éd.; 1859. 1 vol. in-8 ....

HOMMEY, Capitaine de frégate en retraite. — **Tables d'Angles ...** 2 vol. grand in-8, en tableaux; 1863 ....

POISSON. — **Mémoire sur les déviations de la Boussole produites par le fer des vaisseaux.** In-8 ....

QUARTIER DE RÉDUCTION ET ASTRONOMIQUE, en usage dans la Marine. En feuille ....

Collé sur carton ....

REECH. — **Machine à air d'un nouveau Système**, déduit d'une comparaison raisonnée des systèmes de MM. *Ericson et Lemoine*. 1 vol. in-4, avec planches; 1854 ....

ROMME. — **Dictionnaire de la Marine française.** In-8, avec pl.; ... édit., à laquelle on a ajouté 137 pavillons, flammes et guidons coloriés avec soin; 1813 ....

IMPRIMERIE DE GAUTHIER-VILLARS, SUCCESSEUR DE MALLET-BACHELIER,
Paris, rue de Seine-Saint-Germain, 10, près l'Institut.

www.ingramcontent.com/pod-product-compliance
Ingram Content Group UK Ltd.
Pitfield, Milton Keynes, MK11 3LW, UK
UKHW012230240726
13966UKWH00003B/1035